JN281678

プラスチック

三島佳子［文］ 日本消費者連盟監修
あべ ゆきえ［絵］

FOR BEGINNERS SCIENCE

塩ビの基本的な問題は変わらないのよねえ

可塑剤のひとつを変えたとしても…

現代書館

もくじ

はじめに——プラスチック時代に—— 4

第1章 暮らしにあふれるプラスチック 5
プラスチックって何？ 7
プラスチックの歴史 8
「プラスチック」はどうやって作っているの？ 13
プラスチックのいろいろな成形加工方法 15

第2章 生活の中のプラスチック 21
どんなものにどんなプラスチックが使われているの？ 22

第3章 プラスチックの特徴と種類 41
熱可塑性樹脂と熱硬化性樹脂 42
代表的なプラスチック 43

第4章 プラスチック製品の表示 65
法律等に基づく材質表示 66
業界団体等の自主規格に基づく材質表示 70

第5章 プラスチックの添加剤 73

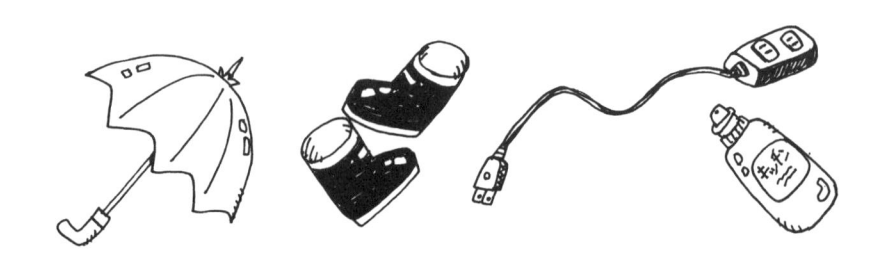

第6章　プラスチックと環境ホルモン　81

第7章　プラスチックの安全性と法律　117

第8章　ごみとプラスチック　121
プラスチックのゆくえ　122
プラスチックと焼却処理　132
プラスチックのリサイクル　148
プラスチックと埋立処分　152
燃やさない施策へ　156
私たちにできること　157
プラスチックの評価　160

あとがき　170

参考・引用文献　174

単位

重さ		濃度	
トン（t）	100万	ピーピーエム（ppm）	100万分の1
キロ（k）	1000	ピーピービー（ppb）	10億分の1
グラム（g）	1		
ミリ（m）	1000分の1		
マイクロ（μ）	100万分の1		
ナノ（n）	10億分の1		
ピコ（p）	1兆分の1		

はじめに
──プラスチック時代に──

　20世紀の人類の最大の発見は、原子力とプラスチックといわれます。

　そして、今やプラスチックは私たちの生活に深く入り込み、おそらくプラスチックなしでは一日も生活が成り立たないほどになっています。

　1970年代以降、プラスチックごみの急激な増大とフタル酸エステル、塩ビモノマーなどの毒性の問題が提起され、プラスチックに対して疑問の声があがりました。

　1976年2月、主婦連、日本消費者連盟など11の団体の呼びかけで「問い直そうプラスチック連絡会議」が結成されました。

　連絡会の結成集会では、「プラスチックとは人間にとって何なのかを問い直し、ただ便利だから、安いからというだけで私たちの生活文化をくずさない決意をしよう」と決議されました。

　ところが、それから25年を経て、21世紀を向かえた現在も、プラスチックの生産量は伸びつづけています。

　2000年、白川英樹博士がノーベル化学賞を受賞したのもポリアセチレンという電気を通すプラスチックの研究です。

　さらに、これからの日本の超高齢化社会を支えるうえで、年齢、障害の程度に関係なく利用できるユニバーサルデザインには、プラスチックの特性は欠くことができないでしょう。

　しかし、大量消費社会は、もはや、維持可能な資源と環境の限界を超えています。

　さらに、塩化ビニル等の焼却によるダイオキシン類の発生や、プラスチック製品から溶出する環境ホルモン（内分泌攪乱物質）等が、野生生物や私たち人類の生存まで脅かしています。

　環境省の調査でも、野生のタヌキや人の赤ちゃんのへその尾から塩化ビニルに使用されるフタル酸エステル類が高濃度で検出されています。

　私たちが今、あまりにも安易に利用している、プラスチックについて「知り」そして、「問い直す」ために本書が活用されれば幸いです。

第1章

暮らしにあふれるプラスチック

歯ブラシ、食品トレー、食品包装、ゴミ袋、PETボトル、弁当箱、ラップ、洗面器、人形、消しゴム、筆箱、パソコン、テレビ……。

　私たちの身の回りはプラスチック製品であふれていて、大人でも子どもでもプラスチックでつくられている製品をいくつもあげることができます。

　あまりにも身近で、ふだん何気なく使用しているプラスチック。

　でも、あなたは、あらためて、「プラスチックって何？」と聞かれたら、何と答えますか？

　プラスチックって何なのでしょうか。

プラスチックって何？

　プラスチックはギリシャ語の「プラスティコス」（成長する、発達する、形づくるの意味）から来た言葉で可塑性のある物を指す言葉です。大昔は粘土をこねて自由に形をつくったものがプラスチックでした。現在では、プラスチックは、合成樹脂とも呼ばれ、石油や天然ガス、石炭からつくられる有機高分子化合物をさします。「高分子化合物」とは、分子数が小さい分子（モノマー）が多数結合（重合）してできる大きい物質（ポリマー）のことをいいます。

　「有機化合物」とは、分子内に炭素を含んでいる化合物のことをいいます。
　JIS（日本工業規格）では、プラスチックは「高分子物質を主原料として人工的に有用な形状に形づけられた固体」と定義され、繊維、ゴム、塗料、接着剤などを形状や弾性で区分し、プラスチックから除外しています。しかし、添加剤の溶出や廃棄物問題からは、これらもプラスチックと同類と考えられます。
　2000年の1年間でプラスチックは1473万トン、合成ゴムは82万トン、合成繊維は113万トン生産されています。

合成高分子の分類

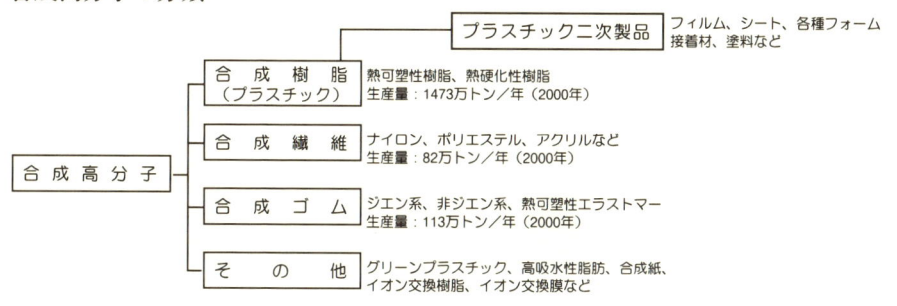

合成高分子		内容
	合成樹脂（プラスチック）	プラスチック二次製品：フィルム、シート、各種フォーム、接着材、塗料など 熱可塑性樹脂、熱硬化性樹脂 生産量：1473万トン／年（2000年）
	合成繊維	ナイロン、ポリエステル、アクリルなど 生産量：82万トン／年（2000年）
	合成ゴム	ジエン系、非ジエン系、熱可塑性エラストマー 生産量：113万トン／年（2000年）
	その他	グリーンプラスチック、高吸水性脂肪、合成紙、イオン交換樹脂、イオン交換膜など

出典　『石油化学工業の現状』などより作図

プラスチックの歴史

セルロイドからわずかに1世紀

　プラスチックが初めて商品化されたのは1868年のことです。アメリカのハイアット兄弟がビリヤードの球の象牙代用品として、ニトロセルロースに樟脳を混ぜてセルロイドを開発・商品化したのがはじまりとされています。

　日本でも明治のはじめ、輸入セルロイド生地を使って、婦人用アクセサリー、フィルム、人形、雑貨を製造するようになり、20世紀初頭には国産のセルロイド製造も開始されました。当時、日本は樟脳の産地、台湾を領土としていたことから、昭和のはじめには日本が世界一のセルロイド生産国になりました。しかし、セルロイドは極めて燃えやすい性質という欠点があることから、戦後は他の種類のプラスチックに代替されていきました。今では、セルロイドはピンポン玉、メガネのフレームに使用されている程度です。

　セルロイドの開発後、20世紀はじめの1907年にアメリカでベークライト（フェノール樹脂）が発見されたのをはじめ、尿素樹脂（ユリア樹脂）が1920年ドイツで、ポリ塩化ビニルが1927年、低密度ポリエチレンが1933年、ポリスチレンが1935年、メラニン樹脂が1938年と、世界各地で優れた性質を持つプラスチックが次々と合成され、工業化されていきました。

プラスチックの氾濫
わずかに半世紀

　日本でも、戦争下の1941年、ポリ塩化ビニルの工業生産が開始されたのをはじめ、戦後は、数々の新たなプラスチックが開発され、生産量も増加していきました。

　1950年にはわずかに１万７千トンだったプラスチック生産量は、水俣病患者が公式に確認された1956年には15万トンと急増。

　さらに大阪市で日本万国博覧会が開催された1970年には、その30倍以上の513万トンへと、プラスチック生産量はうなぎ登りに増加しました。

　1970年３月、大阪万博では、プラスチック容器は焼却時に高熱量を発し、焼却炉を損傷するとして会場内で使い捨てプラスチック容器の使用が禁止されました。

　しかし、その後も２度のオイルショック、バブル崩壊を経ながらも、現在の日本のプラスチック生産量は増えつづけ、2000年統計で1473万トン。アメリカに次ぐ世界で２番目のプラスチック生産大国となっています。

生産国別プラスチック生産構成（1999年）

その他 31.3
アメリカ 29.5（％）
1999年生産 156,717千トン
日本 9.3
ドイツ 8.8
イタリア 2.5
オランダ 2.8
ベルギー 2.8
台湾 3.2
韓国 5.8
フランス 4.0

『プラスチック』（2000年６月号）より

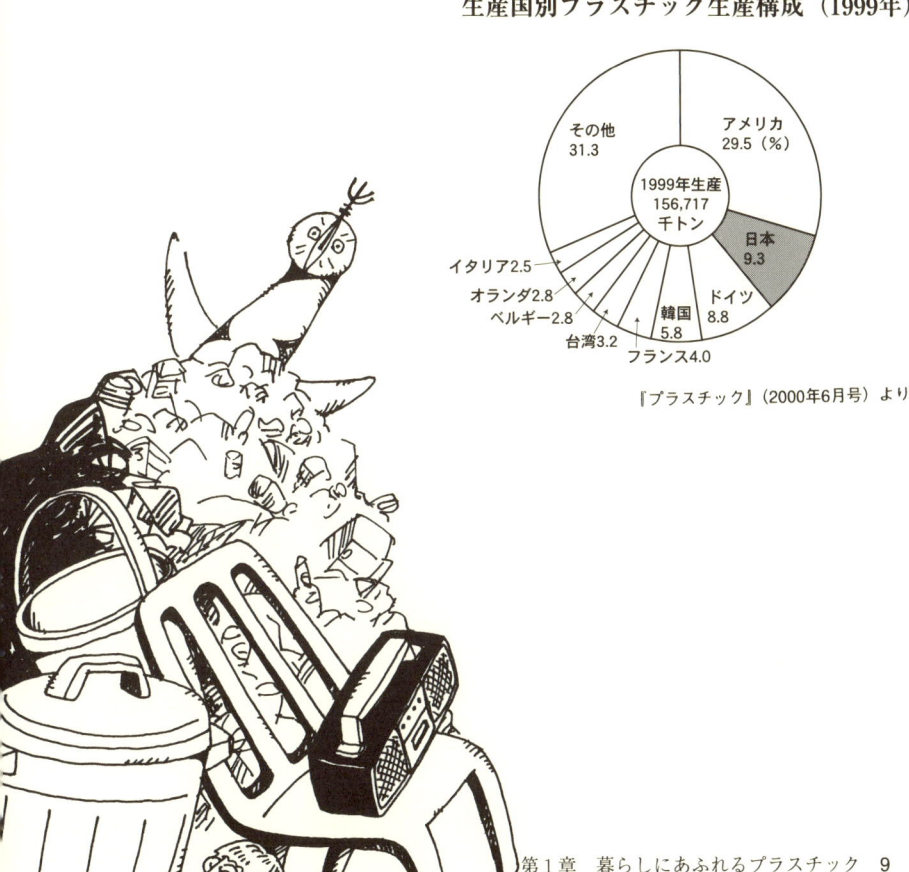

第１章　暮らしにあふれるプラスチック

プラスチックの生産量と歴史

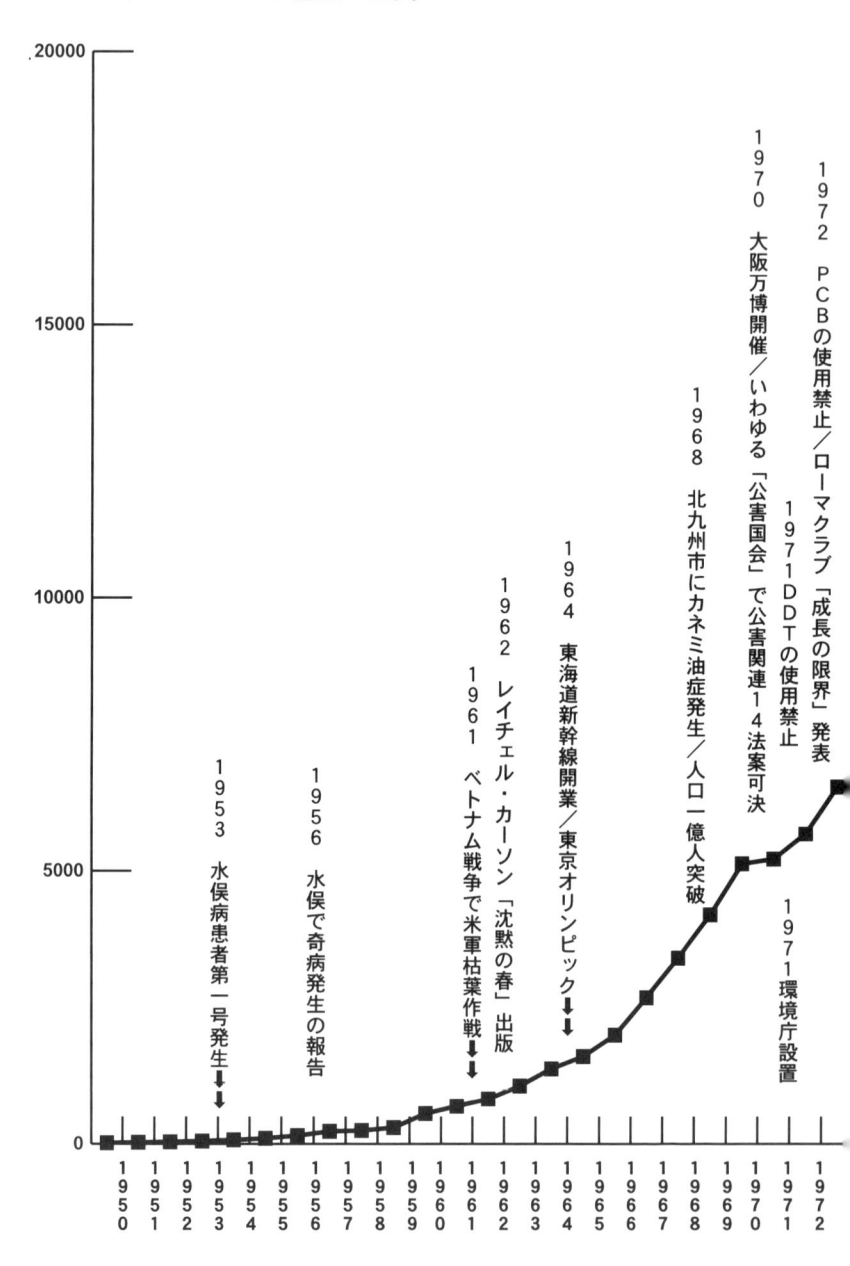

- 1953 水俣病患者第一号発生
- 1956 水俣で奇病発生の報告
- 1961 ベトナム戦争で米軍枯葉作戦
- 1962 レイチェル・カーソン「沈黙の春」出版
- 1964 東海道新幹線開業/東京オリンピック
- 1968 北九州市にカネミ油症発生/人口一億人突破
- 1970 大阪万博開催/いわゆる「公害国会」で公害関連14法案可決
- 1971 DDTの使用禁止
- 1971 環境庁設置
- 1972 PCBの使用禁止/ローマクラブ「成長の限界」発表

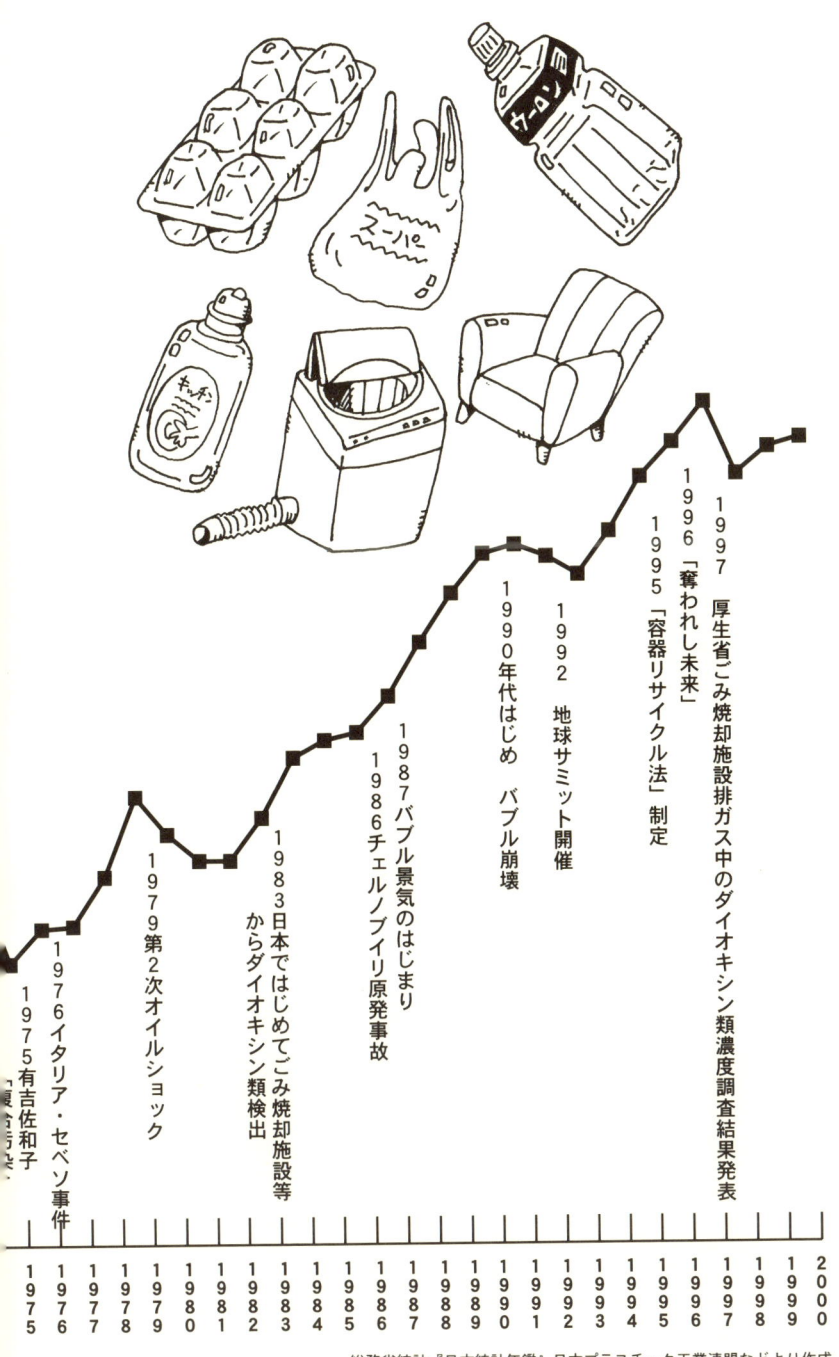

- 1975 有吉佐和子『複合汚染』
- 1976 イタリア・セベソ事件
- 1979 第2次オイルショック
- 1983 日本ではじめてごみ焼却施設等からダイオキシン類検出
- 1986 チェルノブイリ原発事故
- 1987 バブル景気のはじまり
- 1990年代はじめ バブル崩壊
- 1992 地球サミット開催
- 1995 「容器リサイクル法」制定
- 1996 「奪われし未来」
- 1997 厚生省ごみ焼却施設排ガス中のダイオキシン類濃度調査結果発表

総務省統計『日本統計年鑑』日本プラスチック工業連盟などより作成

水俣病

　水俣病は、チッソ（株）水俣工場（熊本）が、有機水銀化合物を含む工場排水を水俣湾に垂れ流していたことが原因で起こりました。

　この有機水銀化合物は、当時、塩化ビニルモノマー製造で触媒として使っていた水銀や塩化ビニルの可塑剤（フタル酸エステル）の原料であるアセトアルデヒドの生産工程で触媒として使用していた水銀が変化したものです。

　1952年頃から猫が怪死、1956年には正式に最初の水俣病患者が報告され、その原因としては、当初からチッソ水俣工場の排水が問題視されていました。

　しかし、それにもかかわらず、同工場のアセトアルデヒドの生産は、1968年、政府が水俣病の原因を、特定する見解を発表するまで続けられました。この12年間に、プラスチックの国内生産量は20倍、塩化ビニル生産量も10倍以上の伸びをしめしています。

　多くの被害者を生み出し、なお現在も、胎児性水俣病患者をはじめ多くの方々が健康被害を抱えた生活を強いられている水俣病は、プラスチック生産量の急激な増産のなかで原因究明が遅れたことを否定することはできません。

プラスチック製品ができるまで

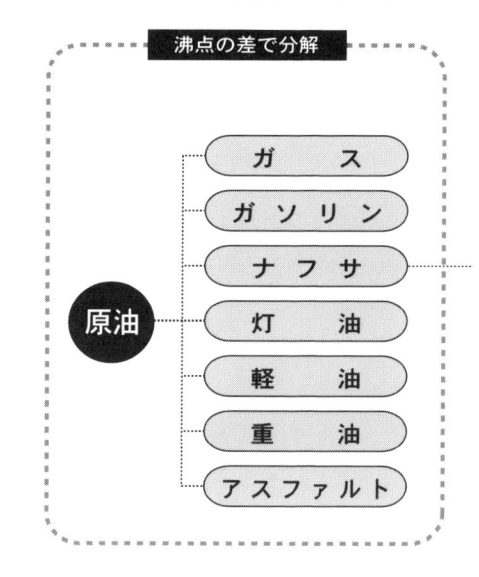

沸点の差で分解

原油
- ガス
- ガソリン
- ナフサ
- 灯油
- 軽油
- 重油
- アスファルト

「プラスチック」はどうやって作っているの？

　当初、プラスチックは、石炭を原料として製造されていましたが、今では石油や天然ガスから作られています。

　日本では、原油から石油化学燃料「ナフサ」を生産して、様々なプラスチックを作っています。

　プラスチック製品は、原油から、何段階もの化学反応や加工段階を経て製造されます。

```
輸入ナフサ
├─ 熱分解 ─┬─ エチレン ──┬─ ポリエチレン
│          │              ├─ ポリスチレン
│          │              └─ 塩化ビニル樹脂
│          ├─ プロピレン ─┬─ ポリプロピレン
│          │              └─ ポリウレタン
│          ├─ ＢＢ留分 ── ブタジェン樹脂
│          ├─ 分解油 ──── 芳香族
│          ├─ 分解重油
│          └─ オフガス
│ 化学操作・重合反応等
└─ 成形加工（パソコン、注射器、アイロン、電話、ファックス、ミシン、ソファ等）
```

出典　『こんにちわプラスチック』日本プラスチック工業連盟より作図

レジ袋は原油をこれだけ使います

1枚あたり原油20.6ml

日本の1日あたり原油輸入量 6億8600㎘

レジ袋の年間国内流通量（輸入を含む）280億枚 原油5億7800㎘

日本生活協同組合連合会、
日本ポリオレフィンフィルム工業組合などのデータから作図

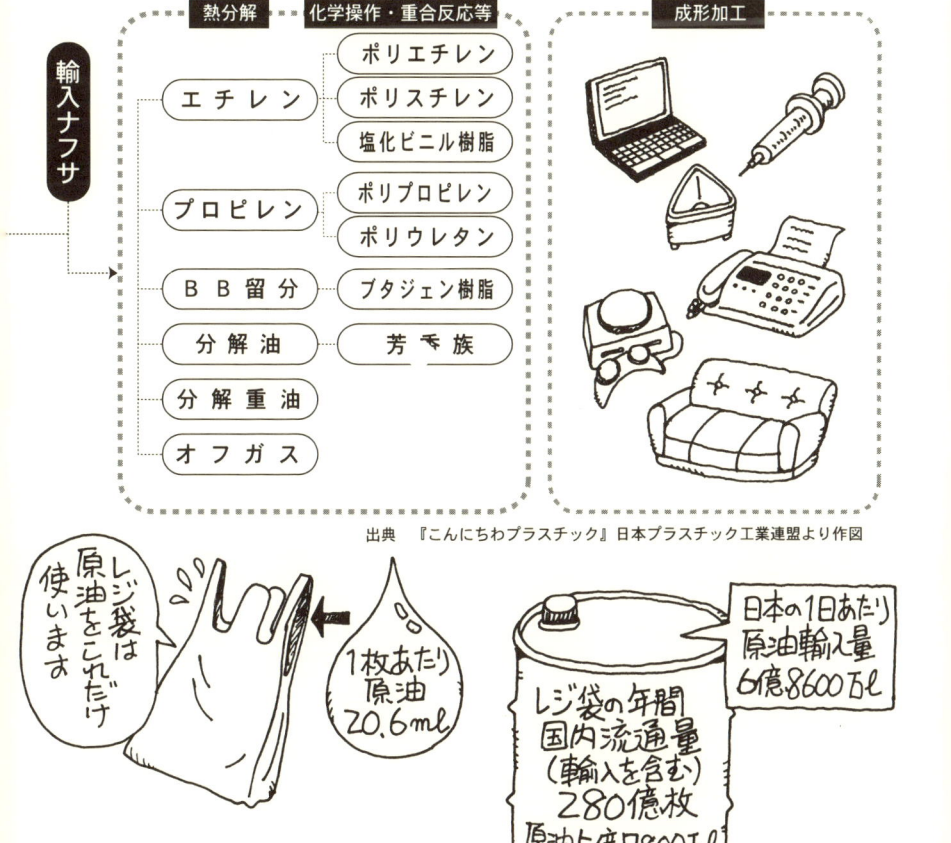

第1章　暮らしにあふれるプラスチック

海外の石油産出国からタンカーで輸入された原油は、石油精製工場で蒸溜され、沸点の差によって「石油ガス」（約11％）、「ガソリン」（約23％）、「ナフサ」（約7％）、「灯油」（約11％）、「重油」「アスファルト」（重油とアスファルトで約29％）の比率で生産されます。

　続いて、石油化学工場で、このナフサからプラスチックの原料となる「エチレン」や「プロピレン」「ブチレン」などのモノマー（単量体）をつくります。

　現在、主にプラスチックや有機溶剤の原料として石油化学工場で使用されているナフサは、国内で製造されるナフサ1701万kℓ（36％）では足りず、海外から3035万kℓ（64％）を輸入して合計4736万kℓを使用しています（2000年統計）。

　次に、樹脂メーカーでは、モノマーを化学反応させて、同じモノマー同士や、ほかの種類のモノマーを結び付け（重合）て、ポリマー（樹脂）を作ります。

　例えば、ポリ塩化ビニル（この本では、これから「塩ビ」と略）はエチレンと塩化水素と酸素を反応させてつくった中間製品の二塩化エチレン（EDC）から塩ビモノマーを製造し、その塩ビモノマーを重合してポリ塩化ビニルをつくります。

　エチレンを原料とするプラスチックは、ポリエチレンの基本構造の一部の水素（H）が塩素（Cℓ）に置き換わると塩ビに、ニトリル基（CN）に置き換わると合成繊維のアクリル成分になります。

　重合して出来たプラスチックは粉状や不定形の固まりです。

　これに様々な添加剤を加えて米粒状（ペレット）に形を整え成形工場に出荷されます。

　添加剤は、可塑剤、安定剤、難燃剤、界面活性剤、滑剤、帯電防止剤など、プラスチックの性能を高めるものや、加工しやすくするものなどがあります。それぞれ必要に応じて、樹脂メーカーや加工メーカーで使用されます。（詳しくは72ページより）

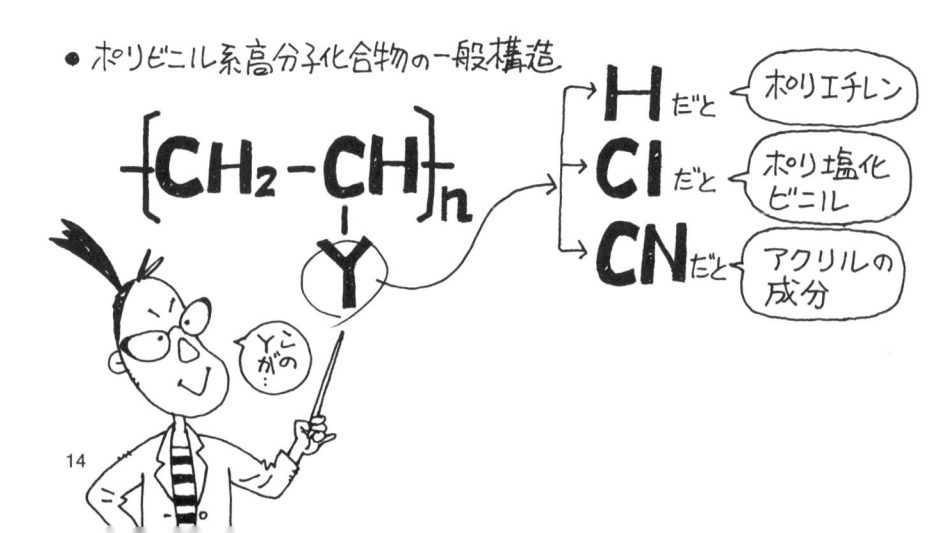

● ポリビニル系高分子化合物の一般構造

$\{CH_2-CH\}_n$
　　　　|
　　　　Y

Yが
- H だと　ポリエチレン
- Cℓ だと　ポリ塩化ビニル
- CN だと　アクリルの成分

「Yがの…」

プラスチックのいろいろな成形加工方法

お菓子の袋からPETボトル、大型テレビのフレームまで、私たちの身の回りのプラスチックは実に多種多様な形や特徴を持っています。

プラスチック製品の成形加工は、専門の加工メーカーや、その容器や袋などを使用する食品メーカーの工場等でおこなわれますが、プラスチックの種類と特性、製品の種類などに応じていろいろな方法で成形されます。

プラスチック製品は形も機能も多く、加工法もいろいろです。

代表的な成形加工法としては次のようなものがあります。

射出成形（しゃしゅつせいけい）

　熱を加えて溶かしたプラスチックを注射器で注射するように射出機から金型に急速に注入し成形する方法で、容器から洗面器、バケツ、大型製品まで広く利用されている形成法です。底の中央などにおヘソのような射出した跡（ゲート）があるのが特徴です。有名メーカーのマヨネーズのふたは、このゲートがキューピーのおヘソに来るように成形されています。

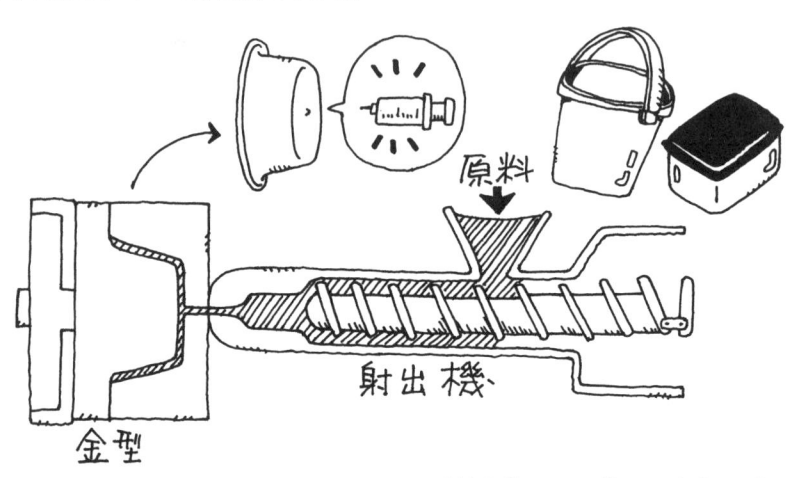

圧縮成形（あっしゅくせいけい）

　タイ焼きやホットサンドウィッチのように金型の間にプラスチックを入れ、加熱、圧縮して成形する方法で、食器、つまみ、キャップのような立体的な成形品を作るのに使われます。プラスチック成形では最も歴史が古い成形法で、ユリア樹脂、フェノール樹脂のような熱硬化性プラスチックでは、今でも主流の成形方法です。

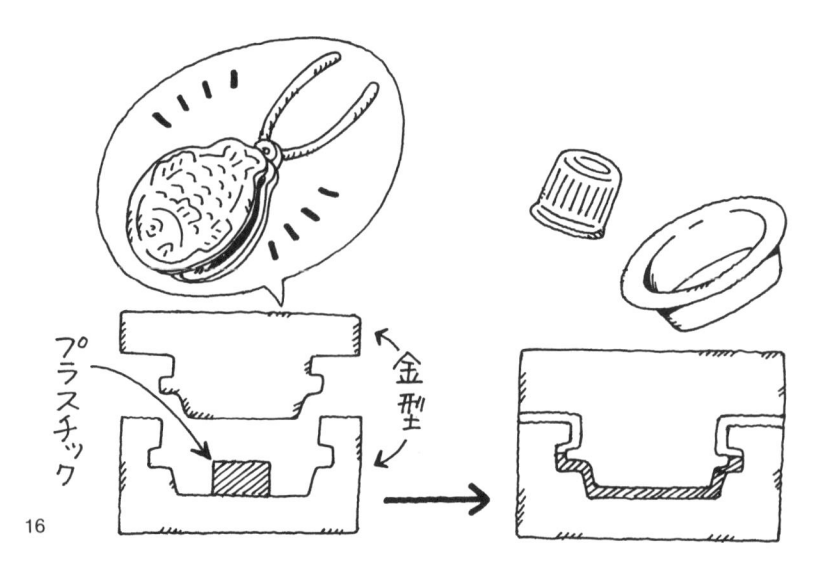

カレンダー成形

　パンや麺づくりで捏棒で延ばす要領で、加熱したロールの間でプラスチックを練りながら溶かし、何本ものロールの間を通して所定の厚さに引き延ばして成形する方法です。

　フィルム、シート、レザー、板など平らな製品を作るのに使われます。
　戦後、塩ビ等の汎用プラスチック（第3章参照）の量産化とともに進歩した成形方法です。

押出成形（おしだしせいけい）

　ケーキ等の飾りに使われる生クリームの絞り出し機やひき肉機の要領で、押出機のダイス（口金）の種類によってフィルムやシート、チューブ、パイプ、被覆製品を作るのに使用される方法です。

　押出機の中で練り溶かしたプラスチックを口金から連続的に押出し、連続的に長尺製品を作ります。多様なプラスチック製品に最も多く使用されている成形方法です。

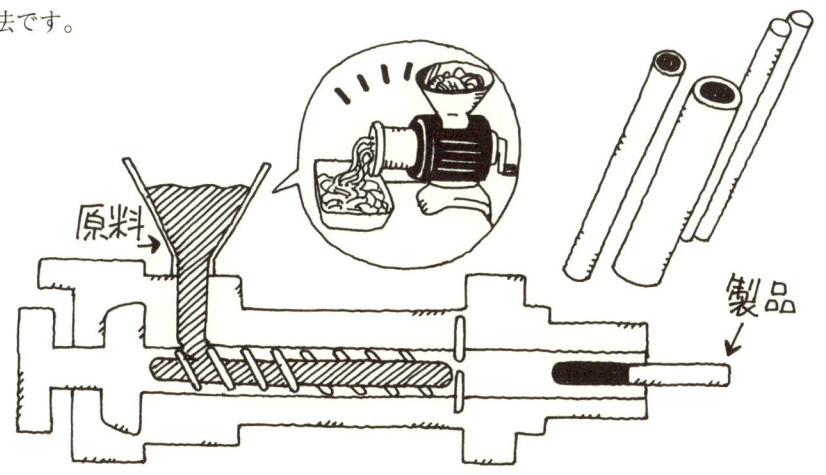

第1章　暮らしにあふれるプラスチック

ブロー成形

ブロー装置（空気吹き込み口）により空気を吹き込み成形する方法です。

ブロー成形には、押出機で押し出されたばかりの柔らかいチューブを金型ではさみ、上部から空気を入れてふくらませ成形する「中空形成」と、射出成形で射出されたチューブの内部に空気を吹き込み成形する「インジェクションブロー成形」の二つの方法があります。

「中空形成」は、ポリエチレン、ポリプロピレン、塩ビ容器などの成形に、「インジェクションブロー成形」はPETボトルや耐衝撃性ポリスチレンを使用したヨーグルト容器などの成形に使われています。

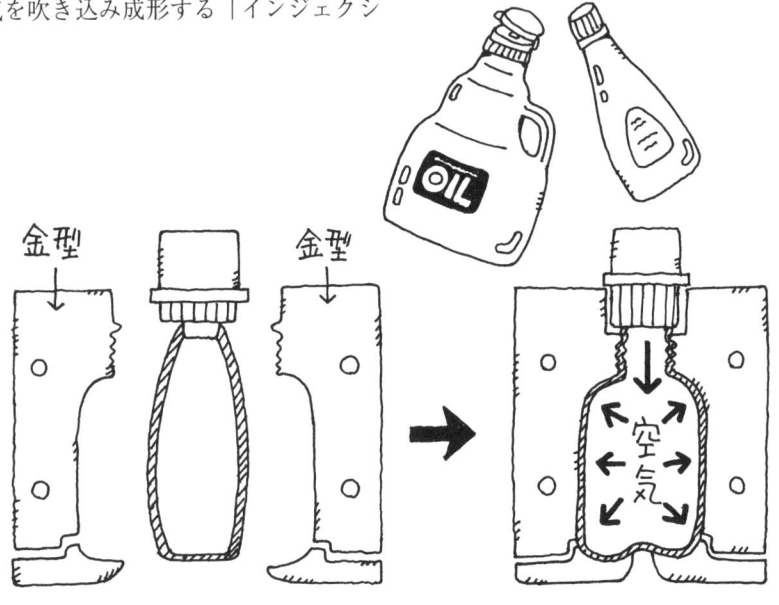

インフレーション成形

　押出機から押し出されたチューブが柔らかいうちに口金から吹き込んだ空気でふくらませ薄いフィルムを成形する方法です。ふくらませて作るのでインフレーション成形といいます。

　ラップフィルム、ポリ袋などフィルムの成形方法として用いられます。

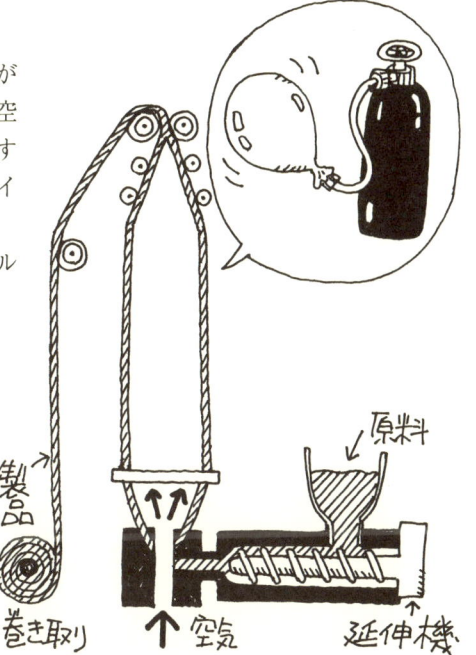

熱成形（ねつせいけい）

　カレンダー成形や押出成形法で作られたシートを加熱によって柔らかくして、これに圧力をかけ、型に押しつけて成形します。卵パック、イチゴパック、食品トレーなど使い捨て容器に使われる薄い容器を作る成形方法です。

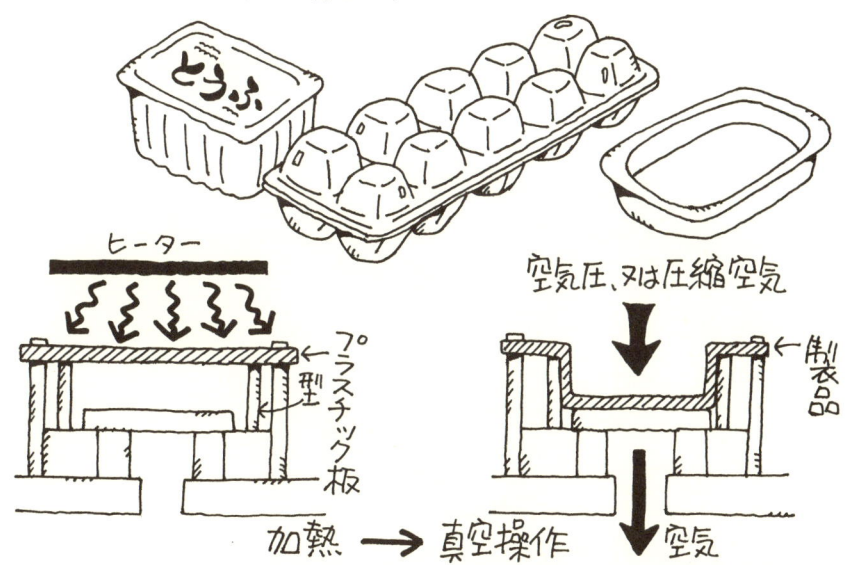

このようにプラスチック製品は、プラスチックに熱や圧力をかけて成形します。その温度はプラスチックの種類や成形方法によって異なりますが成形機でプラスチックを溶解させる150〜350度程度でも、人体に有害な物質や環境ホルモンとして指摘されている物質がプラスチックから発生しています。

　中国のおもちゃ工場では、プラスチックから発生する有害物質に汚染された工場内空気によって、中毒や死亡事故が相次いでいることが報じられており、イタリアや旧ソ連では、スチレン関係の工場で女性労働者に生理障害が起きたという報告もあります。

射出形成シリンダ内からの発生ガス

樹脂	発生ガス
ＡＢＳ	スチレン、アクリロニトリル、ビニルシクロヘキセン、スチレンダイマー・トリマー
ポリカーボネート	4-t-ブチルフェノール、ノニルフェノール、フタル酸エステル、ビスフェノールA
ポリプロピレン	2.4ジメチルヘキサン、デカン2-メチルデカン、2.6-ジメチルデカン、3-メチルデカン、3-オクタデセン

『プラスチックス』（2000年6月号　工業調査会より作成）

第 2 章

生活の中のプラスチック

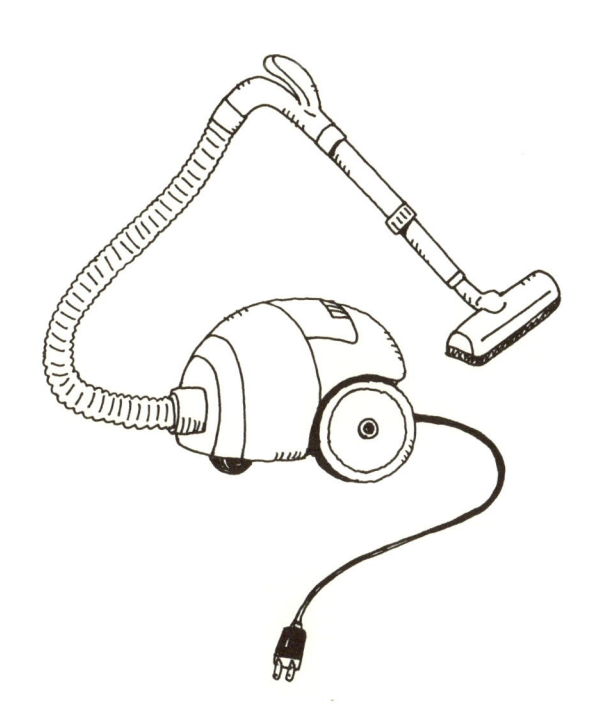

どんなものにどんなプラスチックが使われているの？

食品の容器包装材として使用されるプラスチック

　軽くて丈夫、さらに、空気や水を通さないことから、プラスチックはスーパーや食料品店で売られている肉や魚、野菜の食品トレーやラップ、お菓子の袋などの食品容器包装材としてたくさん使われています。

　お菓子の袋はポリエチレン（PE）やポリプロピレン（PP）製。食品トレーはポリスチレン（PS）やポリプロピレン製。水物やチーズ等の包装材には酸素を通しにくく、穴があきにくいことなどから、ポリエチレンとナイロン（ポリアミド、PA）などの複数の材質が使用されています。

チェダーチーズの包装フィルム複合素材の１例

　例えば、チェダーチーズの包装フィルムは、ポリプロピレン（PP）、ポリエチレンテレフタレート（PET）、エチレン酢酸ビニル樹脂（EVA）、ナイロン（ポリアミド、PA）、ポリエチレン（PE）などの複合素材でできています。

　イチゴパックや卵パック、食品包装用ラップは、２～３年前まで塩ビ製が多かったのですが、ダイオキシンや環境ホルモンの問題からパック等はポリスチレン製などに、卵パックはPET樹脂製などに、食品ラップはポリエチレン製などの非塩素系樹脂に切り替わっています。

例えば…
- ABパックの材質
　（アセプティックブリックパック、アルミつき紙パック）

内側　　　外側

↑ポリエチレン　↑ポリエチレン　↑アルミ　↑ポリエチレン　↑紙　↑ポリエチレン

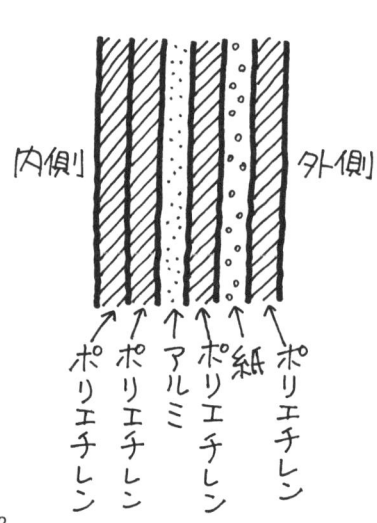

長期保存のできるブリックパックなど

長期保存　△△牛乳

日本生活協同組合連合会提供資料より作図

真空パック、レトルトパック

　冷凍食品の真空パックなど、熱湯であたためる用途の包装材は、内側に低密度ポリエチレン（LDPE）を、外側には酸素、窒素、炭酸ガスなどガスバリア製に優れたナイロン（ポリアミド、PA）を使用しています。

　さらに、インスタントカレー等、常温で長期間保存されるレトルトパックはポリエステル、アルミニウムフィルム、ポリエチレン等の多層構造になっています。

飲料用ボトル

　ジュース、ウーロン茶、お茶、炭酸飲料などの清涼飲料水のボトルには、ポリエチレンテレフタレート（PET[*]）が多く使われています。

　海外から輸入されるミネラルウォーターにはかつて、塩ビ製ボトルが多く使用されていましたが、現在では海外ブランドの清涼飲料水もPET製に切り替わってきています。

・レトルトパウチの材質（アルミつき）

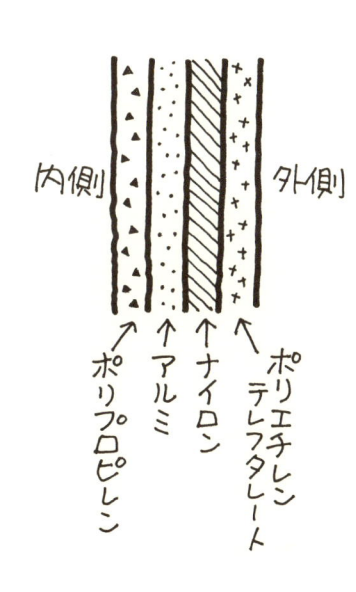

内側　外側

←ポリプロピレン
←アルミ
←ナイロン
←ポリエチレンテレフタレート

インスタントカレーのレトルトパックなど

第2章　生活の中のプラスチック

PETボトルの増大

　1977年に醤油業界が日本ではじめてPETボトルを採用した5年後の1982年には、厚生省（当時）によってPETボトルの清涼飲料水容器として使用が許可されました。

　業界では当初から散乱ごみ対策として900ml以下のPETボトルの使用を自主規制しており、1991年に成立した「再生資源の利用の促進に関する法律」（リサイクル法）でも、しょうゆ、酒類、清涼飲料のPETボトルは通産省（当時）から「第二種指定製品」に指定され、93年6月より分別回収するための表示が義務づけられました。

　しかし、1990年代、海外から輸入される小型PETボトル入りミネラルウォーターが増大したこと等により、業界内部で、小型PETボトル解禁を求める声が高まり、1997年4月から容器包装リサイクル法でPETボトルのリサイクルが施行されることを契機に1996年4月、業界は小型PETボトルを解禁しました。以来、ボトル用PET樹脂の生産量は急増しています。

缶容器内側コーティング

　アルミ缶、スチール缶の内側にはエポキシ樹脂や塩ビ樹脂、PET樹脂がコーティングされていましたが、エポキシ樹脂やエポキシ系補修塗料、塩ビ樹脂から、環境ホルモンの疑いのあるビスフェノールAが食品中に溶出していることが問題となり、最近は、PET樹脂コーティングに切り替わっています。

紙パックの内側コーティング

　牛乳、ジュースなどの紙容器の内側コーティングには加工性に優れた低密度ポリエチレン（LDPE）が使用されています。

容器包装リサイクル法

現代人なら誰でも、ごみを捨てる際、トレーやボトル、スーパーの袋などプラスチック製容器包装材の「かさ高さ」を実感するものですが、一般廃棄物（家庭ごみやオフィスごみ）中の容器包装廃棄物の割合は重量で約4分の1（22.6％）、体積で約6割（55.5％）にものぼります。

さらに、その容器包装廃棄物に占めるプラスチックの割合は重量で約3分の1（39.0％）、容積で約6割（62.1％）ほどもあります。

このような背景から「容器包装リサイクル法」（容器包装に係る分別収集及び再商品化の促進等に関する法律）が、廃棄物の「発生の抑制」と「再生資源の利用」を目的として、1995年6月に制定されました。

容器包装リサイクル法では、1997年4月からガラスびんとPETボトル（飲料、醤油）のリサイクルが、2000年4月から「紙製容器包装」と「プラスチック製容器包装」のリサ

容器包装廃棄物に占めるプラスチックの割合

その他 0.1％
金属 5.8％
ガラス 4.5％
紙 27.5％
プラスチック 62.1％

容積別

1997年　厚生省資料

一般廃棄物
包装廃棄物は全体積の55.5％
包装廃棄物体積に占めるプラスチックの割合 62.1％

重量では
包装廃棄物は全体の22.6％、プラスチックの割合は包装廃棄物の39％

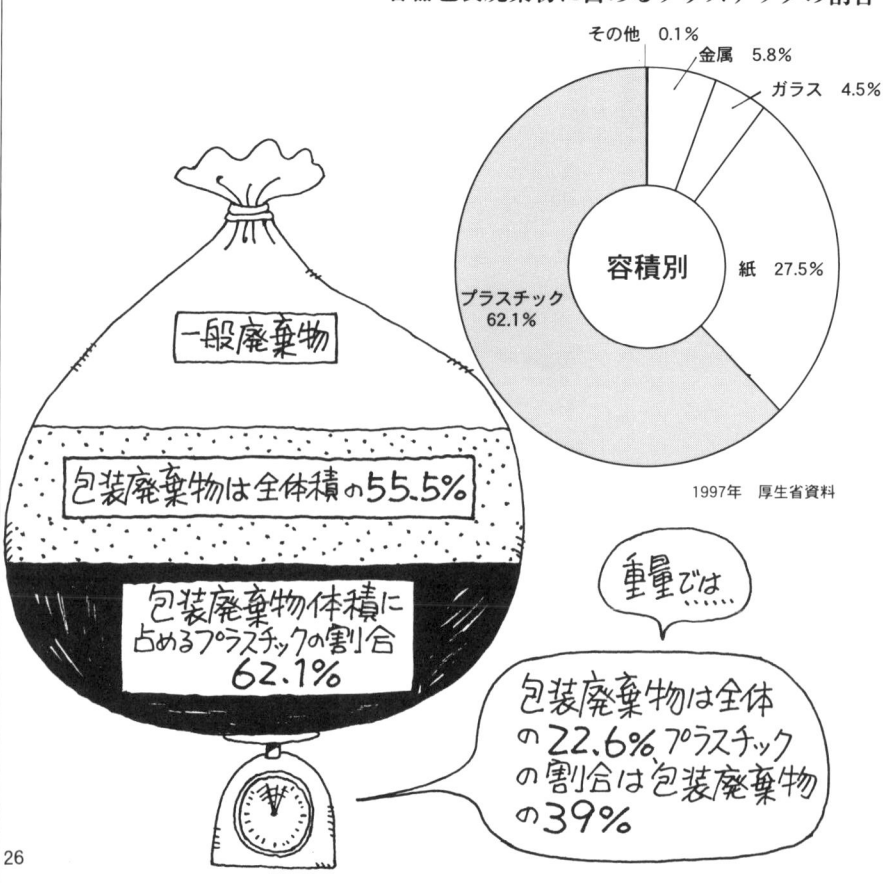

イクルが実施されています。
　しかし、この容器包装リサイクル法は収集、運搬、保管等にかかる自治体の負担ばかりが重く、その反面、事業者の負担が軽いため、ワンウェー容器の発生抑制に繋がらなず、リサイクルも進まないという大きな問題点があります。PETボトルのリサイクルは急ピッチで進められていますが、近年のPETボトル生産量の急増には追いつかず、ゴミになるPETボトルの量は年々増加しているのが現状です。

　さらに、2001年4月より容器包装リサイクル法の対象となってる「その他プラスチック」に識別表示が義務づけられました。プラスチックの材質の表示は義務のかからない自主表示ですが、メーカーによっては材質を表示しています。消費者として製造メーカーに包装材の材質表示を求めましょう。

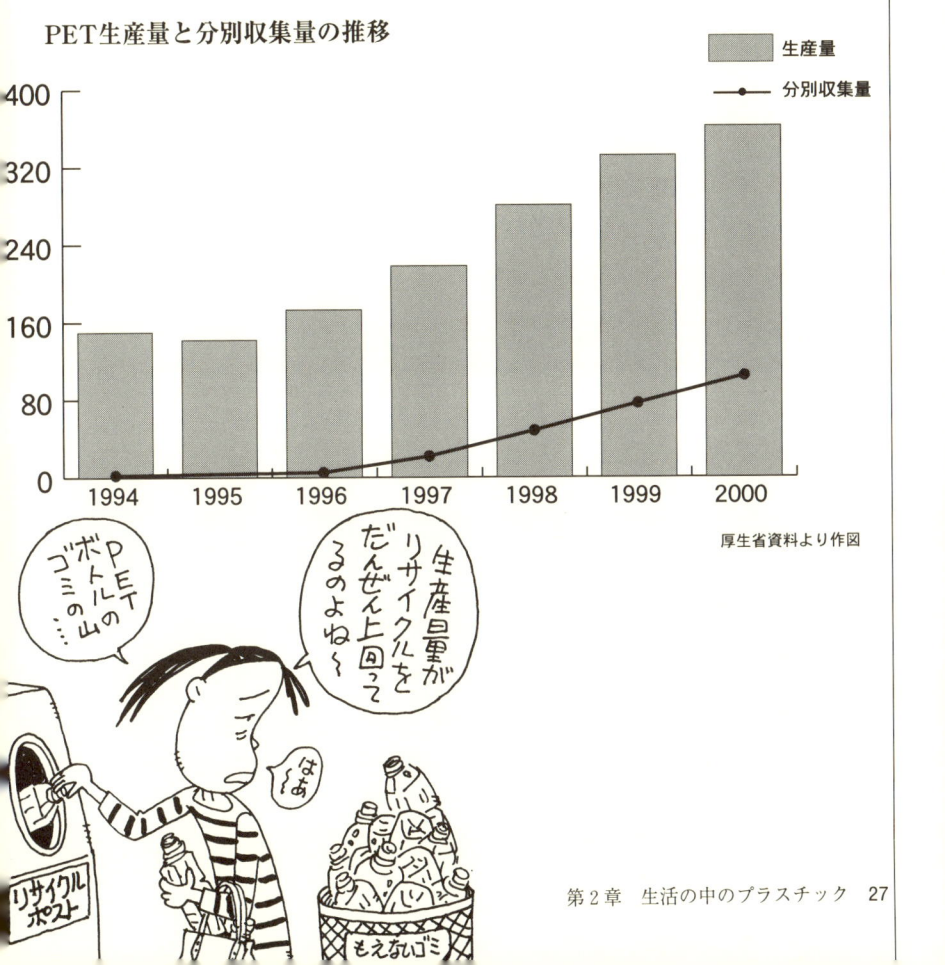

PET生産量と分別収集量の推移

厚生省資料より作図

家庭・台所用品のプラスチック

　さらに、プラスチックは家庭の中でも家電製品、台所用品、文具、おもちゃなど、私たちの身の回りでたくさん使われています。

　冷蔵庫、炊飯器等の家電製品、調味料容器、まな板などには、ポリプロピレン、ポリスチレン、**ABS樹脂**などが使用されています。

　フライパンのコーティングにはふっ素樹脂が、食器や鍋の把手などには熱硬化性樹脂のメラミン樹脂やフェノール樹脂などが使用されています。

　さらにプラスチックは軽くて持ち運びに便利なことから、ゴミ容器や灯油缶、押入収納容器などにも用いられています。

　入浴用品でも、洗面器や浴用椅子にはポリプロピレンが、浴槽、流し台などにはメタクリル樹脂やポリエステル樹脂が使用されています。

あっちにもこっちにも……

文房具・おもちゃ類の
プラスチック

　プラスチックは成形しやすく、また着色も容易なので、子どもたちが使用する文房具やおもちゃなどにも幅広く使われています。

　文具では下敷き、定規類は塩化ビニル製、ボールペン、シャープペンシルなどはポリプロピレンやポリスチレン製。消しゴムやソフトビニル製の筆箱は軟質塩ビが使用されています。

　かつては天然素材で作られていたおもちゃも、現在は、そのほとんどがプラスチックや合成樹脂で作られており、ポリスチレン、ポリ塩化ビニル、ポリプロピレン等が多く使われています。

　なかでも、ソフトビニルで出来たお人形や怪獣、ビニルバック、浮き輪やビーチボールなどの空気入りビニルにはフタル酸エステル類等の可塑剤（塩ビを柔らかくするための添加剤）を重量比で10〜35％と大量に使用した軟質塩ビが使われています。

　この、フタル酸エステル類には腎臓や肝臓への慢性毒性や生殖毒性があります。

　すでに、EU（欧州連合）をはじめ、多くの国々では、乳幼児は、成人よりも化学物質に影響を受けやすいことから、化学物質が人体に影響を及ぼすという因果関係の証拠が得られるまで対策を先延ばしにしないという、「予防原則」の考えに立ち、乳幼児を対象としたフタル酸エステル類や軟質塩ビおもちゃの規制を行っています。

　日本では2000年4月より、業界団体の（社）日本玩具協会が自主表示のガイドラインを設け、厚生労働省は、2001年7月にやっとフタル酸類2種について塩ビおもちゃの規制の方針を打ち出しました。

建材、家具のプラスチック

　プラスチックは建材としても広く使われています。壁紙、床材、窓枠、波板などには塩ビが、断熱材にはポリスチレンやポリウレタン等が、水道管には塩ビやポリエチレンが使用されています。また、外装材としても、瓦やベランダのデッキ、サイディングなどにも種々のプラスチックが使用されています。

　さらに、家具にも様々なプラスチックが使われています。

　一方、塩ビなどのプラスチックを多く含む建築廃棄物は、首都圏から排出される建築廃材を燃やす産業焼却炉が林立し、周辺住民に深刻な被害をもたらしている埼玉県所沢市の例のようなダイオキシン汚染問題も生み出しています。

自動車、船、電気製品のプラスチック

　プラスチックは軽くて丈夫で腐食しないため自動車や船、電気製品などに使用される量が年々増加しています。

　自動車では、バンパー、ハンドル、メッキ可能な内装部品に使用されており、ボディの断熱材や、シートのクッション等にも、各種プラスチックが使用されており、1台あたりのプラスチック製品の使用量（普通乗用車：約75kg／台）は年々増加しています。

　また、最近では、レジャー用ボートや漁船、さらに大きな船もFRP（ガラス繊維等で強化したプラスチック）で造られています。

　その他、飛行機の窓は割れない透明なプラスチックで、機体にも軽くて強い強化プラスチックがいろいろなところに使われています。

　さらに、家庭用電気製品にもポリプロピレン、ポリスチレン、ABS樹脂などが多用されており、テレビ、冷蔵庫、エアコン、洗濯機の家電4品目についても、洗濯槽がステンレスに移行した洗濯機以外は、プラスチックの使用量が増加しています。

　プラスチックの使用は自動車の軽量化に貢献し、燃費の向上に役立ったり、製品の多様化、小型化を可能にして、製造工程の短縮、量産化によるコストダウンを実現しています。しかし、反面、耐久性が落ち、製品寿命が短くなっているという側面もあります。

家電4品目の素材構成比

	製造年度	鉄	銅	プラスチック	ガラス	木	その他
カラーテレビ	1983	9	2	10	46	23	10
	1993	12	3	26	53	-	5
冷蔵庫	1983	60	2	30	-	-	4
	1993	49	4	43	-	-	3
洗濯機	1983	52	3	37	-	-	6
	1993	52	2	33	-	-	4
エアコン	1983	54	19	14	-	-	4
	1993	54	18	16	-	-	3

（財）家電製品協会資料

自動車のプラスチック部品

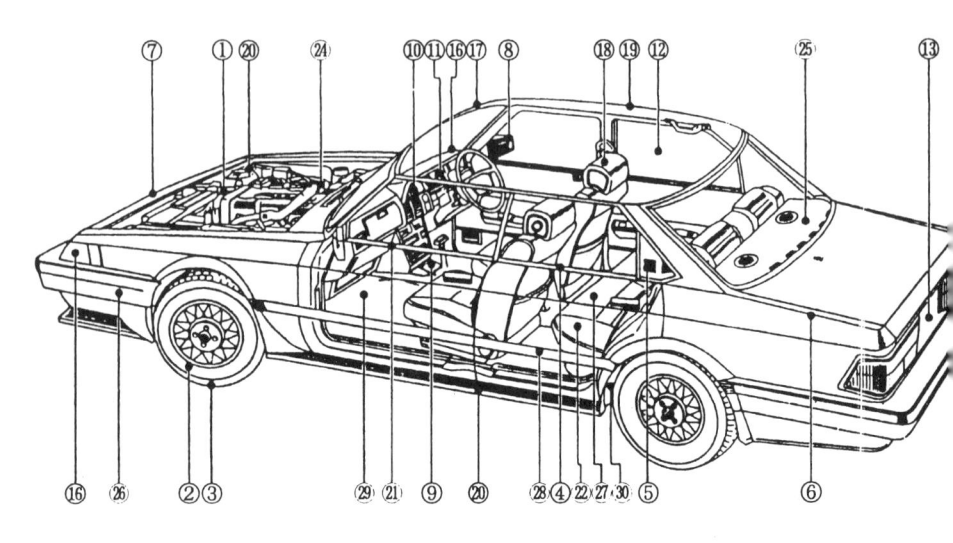

①ラジエーターホース類（EPDM）
②チューブ（HR/EPDM）
③タイヤ（SBR/NR）
④ウェザーストリップ（EPDM）
⑤グラスラン（EPDM）
⑥ドア、トランクシールスポンジ（EPDM）
⑦フロントグリル（ABS、AES）
⑧ミラーハウジング（ABS、PP）
⑨コンソールボックス（ABS、PVC）
⑩インジケーター（光ファイバー）
⑪メーターカバー（MMA）
⑫サイドリアウィンドー（表面硬化 MMA）
⑬リアーパネル（MMA）
⑭テールランプ（MMA）
⑮ウィンカーランプ、サイドランプ（MMA）
⑯インパネ〔PVC（FLX）、PP〕
⑰W.S アッパー（PVC）
⑱ヘッドレスト（PVC）
⑲天井シート（PVC）
⑳アンダーボディーコート（PVC）
㉑ウェルドボディサイド（PVC）
㉒座席シート（PVC）
㉓バッテリーケース（PP）
㉔エアークリーナー（PP）
㉕トランクルーム仕切り（PP プラ段）
㉖バンパー（PP）
㉗シート芯材（PP）
㉘サイドプロテクトモール（TPE）
㉙マット（EVA）
㉚マッドフラップ（TPE、EVA）

『自動車材料ニュース』（住友化学工業より）

FRPシュレッダーダストのごみ問題

自動車、電気製品、船などに大量に使用されるプラスチックは深刻なごみ問題も引き起こしています。

「丈夫で腐らない」FRP船は、熱硬化性樹脂やガラス繊維を使用しているため、熱可塑性樹脂のように溶融して再利用することが不可能なため「海の粗大ごみ」として放置され、大きな問題となっています。

現在、国内で生産されるFRPは、約40万トン。船艇・船舶に使用されるのは2万トン程度で、半分は浴槽・浴室ユニット、浄化槽、建設資材に使用されています。

FRP需要の大きい欧米では、FRP焼却がダイオキシン等の発生で問題となっており、埋立処分も禁止の方向に向かっていることから、ガラス繊維を回収し、そのあとのプラスチックくずも再利用するリサイクルが進んでいますが、日本ではリサイクルが進んでおらず、埋立処分がほとんどです。

さらに、自動車や電気製品は廃棄された際、有用な部品を取り除いた後、シュレッダーで砕かれ鉄やアルミなどの金属回収が行われますが、最後に残ったリサイクル不能なシュレッダーダストは、重量の約3分の1、体積の半分以上（自動車の例）がプラスチックで占められています。

このシュレッダーダストには鉛などの重金属やプラスチック添加剤等の有害物質が含まれており、香川県豊島ではシュレッダーダストの不法投棄と野焼きにより深刻な環境汚染を招きました。1996年4月から、いままでシュレッダーダストが持ち込まれていた安定型処分場では処理ができなくなり、管理型処分場で埋立処分をしなければいけなくなっていますが、今後も増大する廃自動車のシュレッダーダスト対策は大きな問題となっています。

スポーツ用品のプラスチック

　耐衝撃性、強度が求められるスポーツ用品には、FRPなどの強化プラスチックをはじめ、幅広くプラスチックが使用されています。テニスのラケットには、CFRP（カーボン繊維強化プラスチック）が、ラケットに張るガットはナイロン製。ウインドサーフィンのボードはポリエチレンやFRP、ポリウレタンで出来ています。

　最近では、ゴルフのクラブや棒高跳びのポールもFRPに替わりつつあります。さらに、野球のヘルメットもFRPかABS樹脂で出来ています。

IT産業のプラスチック

　プラスチックはパソコンなど様々な電子機器に幅広く使用され、高性能化、小型化に貢献しています。

　パソコン本体ハウジング（筐体）部分にはポリスチレンやABSが、マイクロチップなどの電子部品の基板材料やプラスチック光ファイバーなどの最先端技術にも耐熱性や強度に優れたエンジニアリングプラスチックが取り入れられています。

　また、コンピューターに入れる情報もプラスチックをベースにした磁気テープや、フロッピーディスク、CD等に記録されています。

農業、漁業のプラスチック

　農業で、施設栽培に用いられるビニールハウスや背の低いトンネルは塩ビやポリエチレン製、保温のために土に直接かけて使用するマルチはポリエチレン製、植木鉢やプランターにはリサイクルされたプラスチックも利用されています。

　水産漁業では、かつては漁船やボートは鉄製や木造でしたが最近はFRP船が主となっています。さらに、漁網など漁具の大部分がプラスチック製です。

　さらに、かつては木製だった魚箱もポリエチレン、ポリプロピレンの容器や発泡プラスチック製の箱に代わり、冷凍魚の倉庫などにも、発泡プラスチックの断熱材が使われています。

　このように農業や漁業に使用されるプラスチックは生産性を向上させ省力化に貢献していますが、その分、農業用ビニルの廃プラスチックの不適正処理による環境汚染等の問題を抱えています。

医療分野のプラスチック

　医療の分野でもプラスチックの使用は人体への適応性、衛生面などから広がっています。

　コンタクトレンズ、老人性の白内障の治療で目の中に埋め込む人工レンズ、人工腎臓、人工心臓、人工血管など、体内で使用されるものにもプラスチックが使用されており、開発も進められています。

　さらに、医療現場では感染防止のためチューブ、カテーテル、輸液・輸血バッグ、注射器具など、プラスチック製のディスポーザブル（使い捨て）製品が多く使われています。

　しかし、この血液バッグ、チューブ、カテーテルなどには、軟質塩ビが使用されることが多く、医療系廃棄物焼却炉から高濃度のダイオキシンが発生するという問題を抱えています。また、軟質塩ビの可塑剤として使用されているフタル酸エステル類が大量に溶けだし人体に悪影響を与えるということが問題となり、最近、医療用具からの脱塩ビ化が進みつつあります。

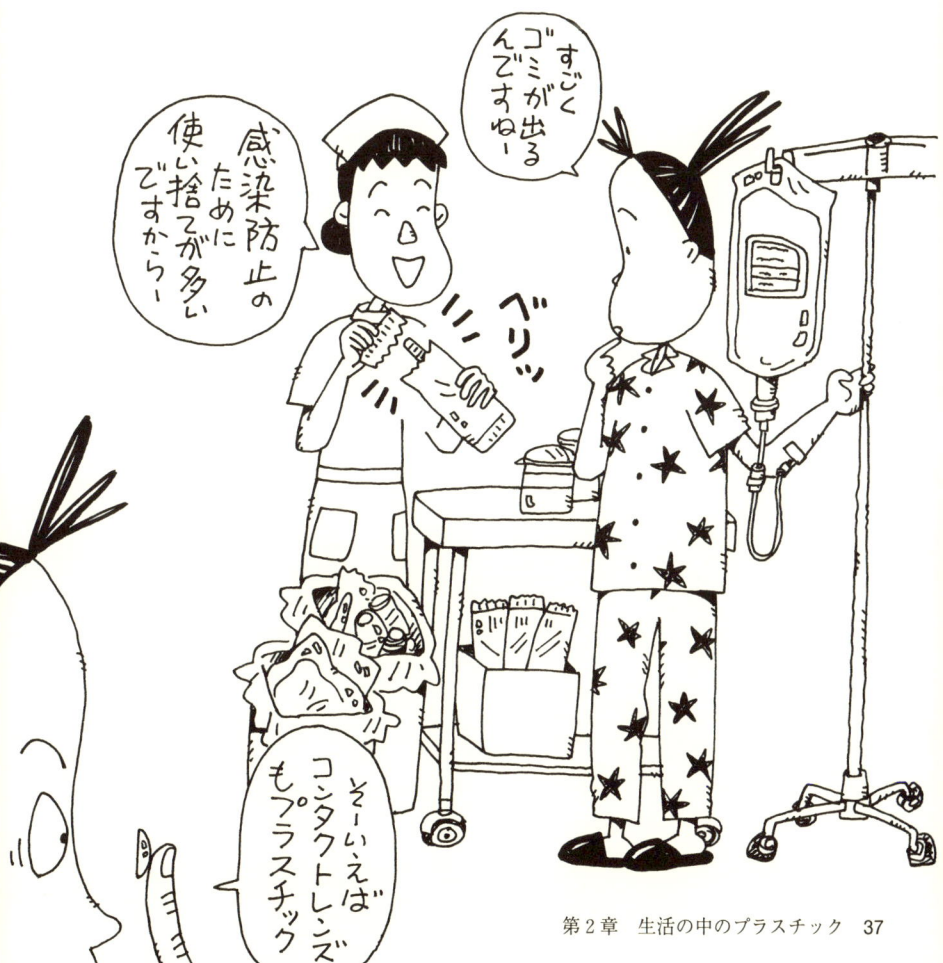

「紙おむつ」は「プラスチックおむつ」

　1978年に日本ではじめて発売された紙おむつは、大手メーカーが次々と新製品を開発し、テレビコマーシャルを展開した1984年以降、生産量が急激に伸びました。

　乳幼児用の紙おむつは少子化の影響もあり、1990年代には生産量の伸びはおさまりましたが、高齢化社会を反映して、コンスタントに伸びているのが大人用紙おむつの生産量です。大人用紙おむつの生産量は今後もますます伸びていくことが予想されます。

　紙おむつの素材は、内側の表面材にポリエチレンやポリプロピレン繊維の不織布が使用されており、その下の吸収材には、紙の原料であるパルプをほぐしたフラフパルプと高分子吸収体が使用されています。

　この高分子吸収体は、自分の重さの約50～100倍の尿を吸収する性質を持っており、ゼリー状になって水分を逃がさない性質を持っています。

乳幼児用紙おむつと大人用紙おむつの生産量の推移

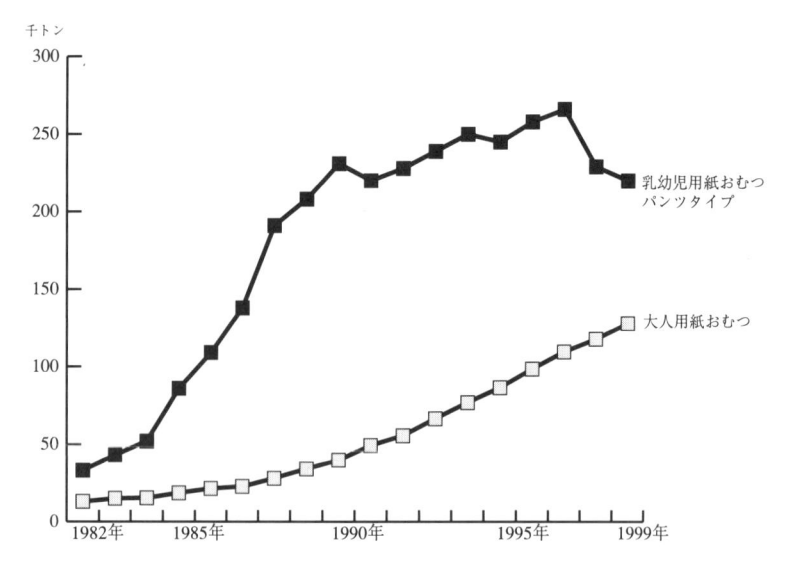

㈳日本衛生材料工業連合会からのデータより作図

高分子吸収体はデンプンのような長い分子にアクリロニトリル分子の枝をつけて（グラフト重合）つくられています。

　紙おむつの外側部分の防水材にはポリエチレンフィルム等が、ギャザー伸縮部分にはウレタンフィルム繊維等が、粘着テープにはポリプロピレンが使用され、紙おむつにプラスチックが占める割合は50～60％ほどになっています。

　このようにプラスチックが多く使用されている使用前の紙おむつの発熱量は5000kcal／kgで、紙の発熱量である3000kcal／kgより1000～1500kcal／kgも高いほどですが、使用済みの紙おむつは60％以上の水分を含むことから、発熱量は2000kcal／kg程度と、一般ごみの発熱量より低くなってしまいます。

　家庭や高齢者施設、医療機関から排出される使用済み紙おむつは、今後も増大することが予想されます。高齢化社会の中で行政による布おむつの貸与・回収システムの構築等の福祉の社会化が求められます。

表面材
（ポリエチレンやポリプロピレン繊維の不織布）

おしり

粘着テープ
（ポリプロピレン）

吸収材
｛吸収紙
　フラフパルプ
　高分子吸収体
（デンプンのような分子にアクリロニトリル分子等を架橋）

防水材
（ポリエチレンフィルム等）

立体ギャザー伸縮部分
（ウレタンフィルム繊維等）

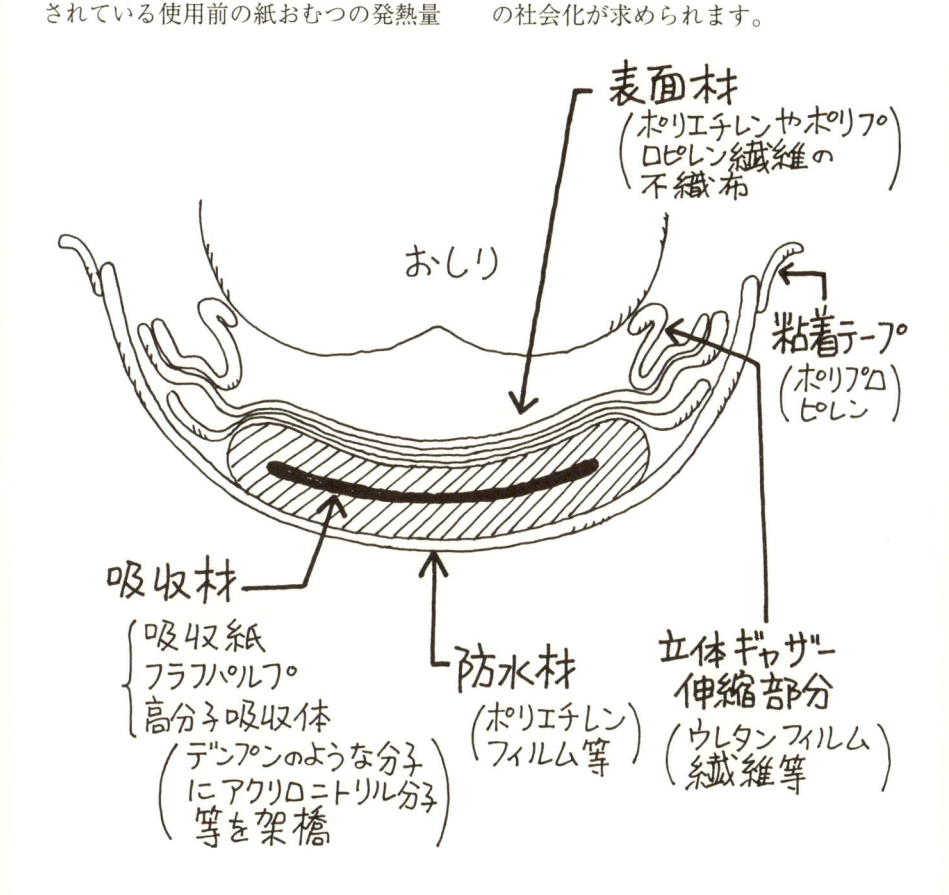

第2章　生活の中のプラスチック

60％以上水分を含んだ使用後は一般ゴミより発熱量が低くなる
ビックリ!!「紙おむつ」は「プラスチックおむつ」!!
重い
プラスチックが占める割合は50〜60％

第 3 章

プラスチックの特徴と種類

プラスチックには軽くてさびない、腐らない、着色や成形が自由、電気絶縁性に優れている、安い、大量生産できるなど、さまざまな利点があります。

しかし、反面、熱に弱い、直射日光で劣化しやすい、変形しやすい、傷やホコリがつきやすい、変形しやすい、ベンジン・シンナー等の有機溶剤やアルコールなどのある種の薬品におかされやすい種類がある等の欠点もあります。

・熱加塑性とは....

チョコレートのようなもの...

・熱硬化性とは....

クッキーのようなもの...

熱可塑性樹脂と熱硬化性樹脂

プラスチックは、その性質の違いから、熱可塑性樹脂と熱硬化性樹脂の二つに大別されます。

熱可塑性樹脂は、原料を熱で溶かすと溶けて柔らかくなり、成形物も再度熱すると、また、柔らかくなるというプラスチックです。

熱可塑性樹脂は耐熱性、経済性などにより、汎用プラスチックとエンジニアリングプラスチック（エンプラ）に分類されます。

熱可塑性樹脂には、低密度ポリエチレン、高密度ポリエチレン、ポリプロピレン、ポリ塩化ビニル、ポリスチレンをはじめ、ポリ塩化ビニリデン、ポリエチレンテレフタレート（PET）、ABS樹脂、AS樹脂、アクリル樹脂などがあり、現在、国内で生産されているプラスチックの88％を占めています。

熱硬化性樹脂は、熱で溶かされた原料に反応が起きていったん固まった成形物が再び熱を加えても溶けることがないプラスチックです。

フェノール樹脂、ユリア樹脂、メラミン樹脂などが熱硬化性樹脂で、歴史的には古い樹脂ですが、熱可塑性樹脂にくらべると現在の生産量は少なく国内生産量に占める割合は12％ほどです。

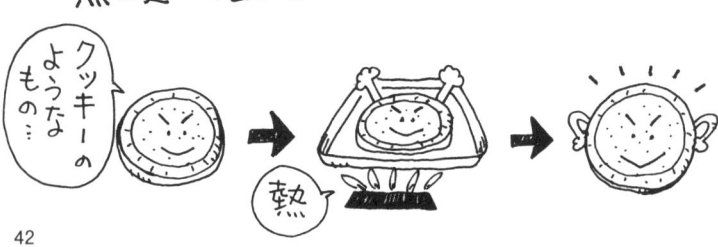

代表的なプラスチック
汎用プラスチック

　現在、日本で生産されているプラスチックの総量は1473万トンにものぼりますが、そのうち、日用品、包装材料など、私たちの身近な一般用途で大量に安価に生産、使用されているプラスチックを「汎用プラスチック」といいます。

　なかでも、ポリエチレン、ポリプロピレン、ポリ塩化ビニル、ポリスチレンはプラスチック生産量の70％以上を占め、「四大汎用プラスチック」と呼ばれています。

　特にポリエチレンとポリプロピレンはポリオレフィン（PO）と総称されており、安価で成形性に優れ、リサイクル性も良いとされていることから生産量の約4割を占め、近年、他の材料からの代替需要もあります。

樹脂生産（1999年度1,457万トン）の
樹脂種類別内訳

- 熱硬化性樹脂 11.5
- その他の熱可塑性樹脂 16.5
- ペット 4.6
- ポリスチレン 9.4
- 熱可塑性樹脂 91.0
- ポリエチレン 23.1(%)
- ポリプロピレン 18.0
- 塩化ビニル樹脂 16.9

通産省化学工業統計より作成

第3章　プラスチックの特徴と種類

主なプラスチックの特性と用途

	樹脂名		耐熱温度(℃)	酸に対して	アルカリに対して	アルコールに対して
熱可塑性樹脂	ポリエチレン	低密度ポリエチレン	70〜90	良	良	良
		高密度ポリエチレン	90〜110	良	良	良
		EVA樹脂	70〜90	多少おかされるものもある。	多少おかされるものもある。	良
	ポリプロピレン		100〜120	良	良	良
	ポリスチレン(スチロール樹脂)	一般用ポリスチレン	70〜90	良	良	長時間入れておく容物の味が変わる。
		発泡ポリスチレン	70〜90	良	良	長時間入れておく容物の味が変わる。
	AS樹脂		80〜100	良	良	くり返し使用する透明になる。
	ABS樹脂		70〜100	良	良	長時間で膨潤する。
	塩化ビニル樹脂(ポリ塩化ビニル)		60〜80 (注2)130	良	良	良
	塩化ビニリデン樹脂(ポリ塩化ビニリデン)		(注2)140	良	良	良
	メタクリル樹脂		70〜90	良	良	わずかに内容物に異生じる。
	メタクリルスチレン(MS)樹脂		70〜90	良	良	わずかに変化する。
	ポリメチルペンテン		160〜170	良	良	良
	ポリアミド(ナイロン)		80〜140	多少おかされるものもある。	良	浸透のおそれあり。
	ポリカーボネート		120〜130	良	多少おかされるものもある。(洗剤等)	良
	アセタール樹脂(ポリアセタール)		120	おかされるものもある。	良	良
	ポリエチレンテレフタレート(PET)		60〜150	良	わずかに変化するものもある。	良
	ふっ素樹脂		260	良	良	良
熱硬化性樹脂	フェノール樹脂		150	良	良	良
	メラミン樹脂		110〜120	良	良	良
	ユリア樹脂		90	不変又はわずかに変化。	わずかに変化する。	良
	不飽和ポリエステル樹脂		150	良	わずかに変化するものもある。	良
	エポキシ樹脂		130	良	良	良
	ポリウレタン		90〜130	多少おかされる。	多少おかされる。	良

注1:「良」は、通常の使用において問題のないもの　注2:東京都の条例[ラップ(食品用ラップフィルム)品質表示実施要項]による

用油に対して	特徴	主な用途
良	水より軽く、柔軟であるが、耐熱性に欠ける。耐薬品性、電気絶縁性はよい。	包装材（袋、ラップフィルム、食品容器）、農業用フィルム
良	不透明で、剛性があるが、耐熱性に欠ける。耐薬品性、電気絶縁性はよい。	包装材（フィルム、袋）、雑貨（バケツ、洗面器など）、灯油缶、コンテナー、パイプ
良	やや不透明で柔軟性があり、ゴム弾性に優れ低温特性に富んでいる。	建築土木用シート、サンダル、農業用フィルム
良	比重（0.90）が小さい。ポリエチレンに似ているが、耐熱性がよくつやがある。	浴室製品、シール容器、荷造りひも、ざる、籠、コンテナー、食器、自動車部品
類に含まれるテル油におかされる。	透明性がよく着色が容易である。傷つきやすい。電気絶縁性がよい。ベンジン、シンナーに溶ける。	OA、TVのハウジング、CDケース、食品容器
類に含まれるテル油におかされる。	軽くて剛性がある。断熱保温性に優れている。ベンジン、シンナーに溶ける。	梱包材、魚箱、食品用トレー、畳の芯
良	スチロール樹脂に似ているが、耐熱性、耐衝撃性がよく透明である。	食卓用品、使い捨てライター、電気製品（扇風機のはね、ジューサー
良	不透明品が多く、耐衝撃性に優れている。	旅行用トランク、家具部品、パソコンハウジング、自動車部品
良	燃えにくい。水、空気を通さない。軟質と硬質がある。水に沈む（比重1.4）。	水道管、農業用フィルム、ラップフィルム、波板、ホース、サッシ等の建材
良	無色透明で、耐薬品性がよく、気体遮断性に優れている。	ラップフィルム、ハム・ソーセージケーシング、人工芝
良	無色透明で光沢がある。ベンジン、シンナーに溶ける。	自動車ランプレンズ、食卓容器、風防ガラス、照明板、水槽プレート、コンタクトレンズ
いひび割れが生じることもある。	無色透明で、ポリスチレンとメタクリル樹脂の中間の特性を有する。	レンズ、照明カバー、包装材（トレー、蓋材等）
良	無色透明で、耐薬品性、耐熱性を有する。	電子レンジ用食器、トレー、食品包装用フィルム、アニマルケージ
良	乳白色で、耐摩耗性、耐寒冷性、耐衝撃性がよい。	戸車、ファスナー、歯車、レトルト用包材、自動車部品
良	無色透明で、酸には強いがアルカリに弱い。耐衝撃性、耐熱性に優れている。	食器、弁当箱、ほ乳びん自動車部品、光ディスク、CD、ドライヤー、建材
良	白色で、不透明で、耐衝撃性に優れ耐摩耗性がよい。	ファスナー、自動車部品
良	無色透明で、強靱で耐薬品性がよい。	PETボトル、写真用フィルム、カセットテープ、VTRテープ、たまごパック、サラダボール
良	乳白色で耐熱性、耐薬品性が高く非粘着性を有する。	フライパン内側コーティング、絶縁材料、軸受、ガスケット、各種パッキン、フィルター
良	電気絶縁性、耐酸性、耐熱性、耐水性がよい。燃えにくい。	プリント配線基盤、アイロンハンドル、配電盤ブレーカー、鍋やかんのとって・つまみ、合板接着材
良	耐水性がよい。陶器に似ている。表面は硬い。	食卓用品、化粧板、合板接着材、塗料
良	メラミン樹脂に似ているが、安価で燃えにくい。	ボタン、キャップ、電気製品（配線器具）、合成接着材
良	電気絶縁性、耐熱性、耐薬品性がよい。ガラス繊維で補強したのもは強い。	浴槽、波板、クーリングタワー、漁船、ボタン、ヘルメット、釣り竿、塗料、浄化槽
良	物理的特性、化学的特性、電気的特性などに優れている。	電気製品（IC封止材、プリント配線基盤）、自動車（タンク類）、塗料、接着材
良	軟質と硬質がある。軟質はスポンジに似ている。	自動車部品（シートクッション材）、クッション、マットレス、断熱材

出典：日本プラスチック工業連盟「こんにちはプラスチック」

ポリエチレン（PE）

　プラスチックの中で最も生産量が多いのがポリエチレンです。ポリエチレンは、乳白色で、軽く、柔らかなプラスチックで、油、薬品に強く成形加工性にも優れています。

低密度ポリエチレン（LDPE）

　低密度ポリエチレン（LDPE）は、製造の際、エチレンに高圧を加えて製造する、密度の低いポリエチレンです。

　低密度ポリエチレンの年間生産量は187万トン（2000年）です。

　低温でヒートシールができる、透明なフィルムができる、加工性が良いなどの特徴を持っているので、牛乳パックのコーティングや生鮮食品用ラップフィルムなど多岐にわたって使用されています。

　添加剤を使用せず成形できるプラスチックは、唯一この低密度ポリエチレンだけといわれています。牛乳パックに使用されるプラスチックは、乳等省令（乳及び乳製品の成分規格等に関する省令）で添加剤を使用してはならないことが定められているため、牛乳パックの内側コーティングには無添加ポリエチレンがコーティングされています。

　また、成形品としてマヨネーズやケチャップのスクイーズボトルや容器のふた、びんのキャップ、電線被覆や農業用フィルムなどにも使用されています。

低密度ポリエチレンの出荷構成（2000年）

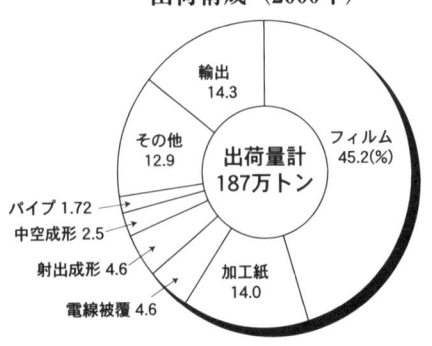

- 輸出 14.3
- その他 12.9
- パイプ 1.72
- 中空成形 2.5
- 射出成形 4.6
- 電線被覆 4.6
- 加工紙 14.0
- フィルム 45.2(%)
- 出荷量計 187万トン

経済産業省資料などより作成

エチレン酢酸ビニルコポリマー（EVA）

エチレン酢酸ビニルコポリマーはエチレンと酢酸ビニルの共重合体（コポリマー）で、酢酸ビニルの含有率によって、異なった性質を持ちます。

エチレン酢酸ビニルコポリマーの年間生産量は20万トンほど（2000年）で、コーティング、農業用フィルム、建築用シート、自動車泥よけ、靴底などに使用されています。

しかし、酢酸ビニルに毒性があるため、酢酸ビニルが一定以上使用されているエチレン酢酸ビニルコポリマーは、油分の多い食品の容器包装材には直接使用できないこと等もあります。

高密度ポリエチレン（HDPE）

高密度ポリエチレン（HDPE）は、製造の際中圧〜低圧をかけて製造した硬くて白っぽいポリエチレンです。

高密度ポリエチレンの年間生産量は124万トン（2000年）です。

スーパーの買い物袋やポリ袋、お菓子の包装、バケツやゴミ容器、ビールなどのコンテナ、水道管、灯油缶、シャンプーや洗剤の容器などに使われています。

高密度ポリエチレンの出荷構成（2000年）

出荷量計 124万トン

- フィルム 31.4（%）
- 中空成形 14.5
- 射出成形 9.1
- パイプ 6.9
- フラットヤーン 3.7
- 繊維 2.7
- その他 12.3
- 輸出 19.1

経済産業省資料などより作成

第3章 プラスチックの特徴と種類　47

ポリプロピレン（PP）

ポリプロピレン（PP）は、プロピレンガスを原料として製造します。

ポリプロピレンの年間生産量は272万トンです（2000年）。ポリプロピレンは輸入量が多く、23万トン以上も輸入していますが、輸出量も44万トンほどです。

ポリプロピレンは、ポリエチレンに比べ、耐熱温度が100～140度と高く、他のプラスチックとのブレンドで剛性、耐衝撃性、気体透過性を改良して幅広い用途で利用されています。

射出成形では、テレビ、ビデオ等の家庭用電気製品、バンパー等の自動車用部品、ビールのコンテナ、食品容器、弁当箱などに、

フィルムではラーメンやレトルト食品の包装等に、

ブロー製品では、食用油、ケチャップのボトルなどに使用されています。また、不織布としてティーバッグやアルミニウムを蒸着させて、ゼリー等の水物包装容器などに展開するなど、新しい分野への技術開発も進められています。

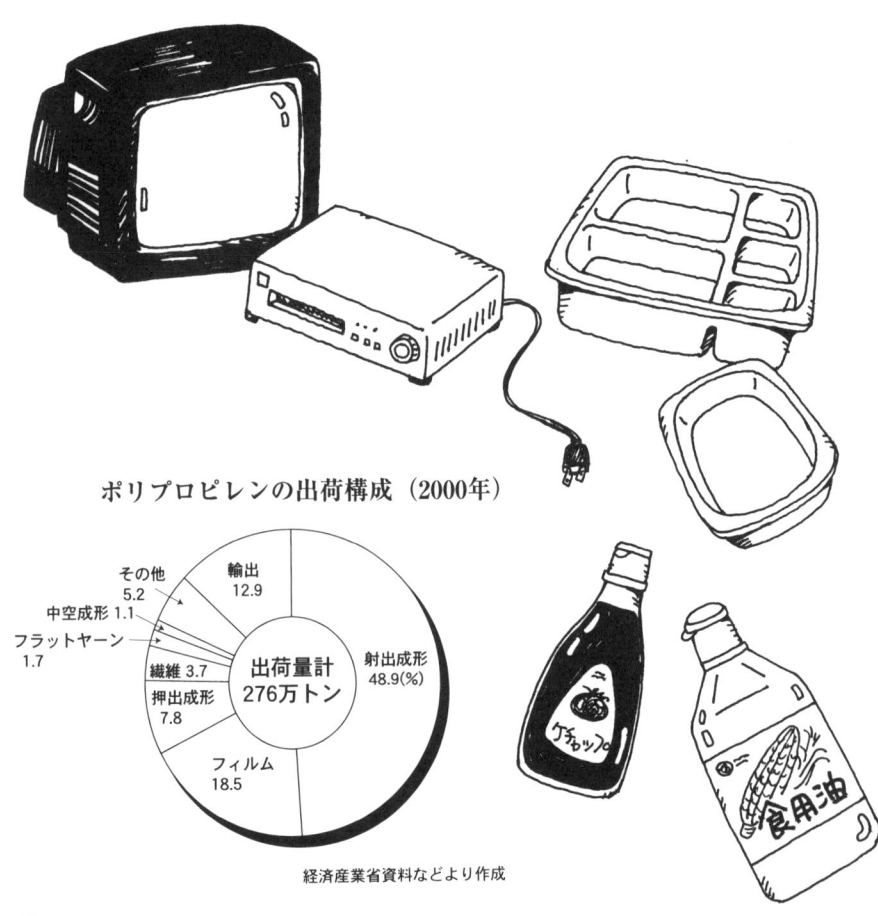

ポリプロピレンの出荷構成（2000年）

出荷量計 276万トン

- 輸出 12.9
- その他 5.2
- 中空成形 1.1
- フラットヤーン 1.7
- 繊維 3.7
- 押出成形 7.8
- フィルム 18.5
- 射出成形 48.9(%)

経済産業省資料などより作成

ポリ塩化ビニル（PVC）

　ポリ塩化ビニルは、略して「塩化ビニル」、「塩ビ」と呼ばれています。

　塩ビの年間生産量は243万トンほど（2000年）で、エチレンに塩素を反応させて製造した塩化ビニルモノマーを重合して塩ビ樹脂をつくります。

　塩ビはもともと、水道管のように硬いプラスチック（硬質塩ビ）ですが、フタル酸エステル類などの可塑剤を大量に加えることにより、おもちゃのソフト人形のように軟らかい（軟質塩ビ）製品を製造しています。

　硬質塩ビは、水道管、雨どい、窓枠、波板などの建材として、軟質塩ビは電線被覆、壁紙、床タイル、ホースなどの住宅用品や食品包装用ラップ、テーブルクロス、おもちゃ、消しゴム、合成皮革、ビニールハウスなど幅広い用途で用いられています。

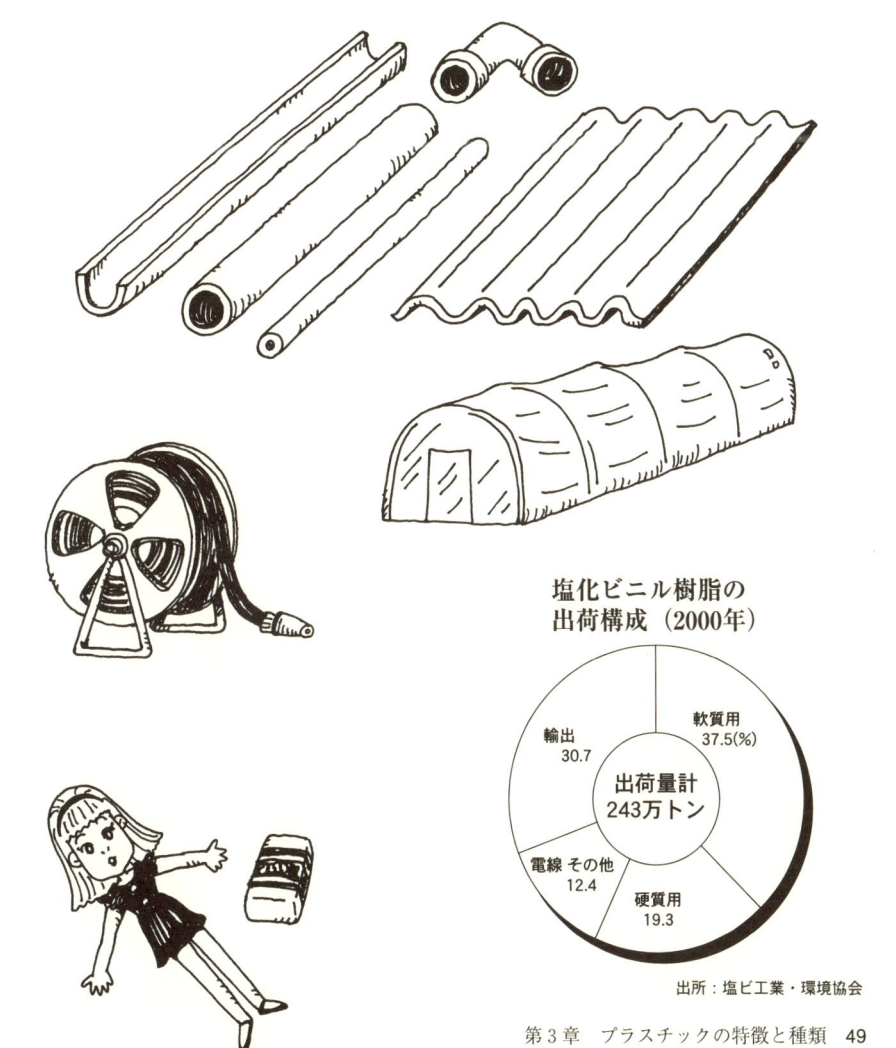

塩化ビニル樹脂の出荷構成（2000年）

- 輸出 30.7
- 軟質用 37.5(%)
- 出荷量計 243万トン
- 電線 その他 12.4
- 硬質用 19.3

出所：塩ビ工業・環境協会

第3章　プラスチックの特徴と種類

塩ビモノマーの発がん性

　塩化ビニルモノマー（以下「塩ビモノマー」と表記）には、発がん性があり、WHO（世界保健機関）の国際がん研究機関（IARC）による発がん性評価でも、グループ１の「人に対して発がん性がある」にランクされています。日本でも1970年代に塩ビ樹脂工場の労働者が多数肝臓がんにかかり死亡する事件が起こっており、1974年にアメリカや日本で塩ビモノマーが入っていたヘアースプレーや殺虫剤が回収されました。

　1975年、アメリカのFDA（食品医薬品局）は、塩ビ製食品容器包装材から食品へ塩化ビニルモノマーが溶出するとして、食品へ移行する塩ビモノマーを0.05ppm以下にする必要があるという方針を打ち出し、事実上食品関係の用途への塩ビ製品の使用を禁止しました。

　これに対して、同年日本では、塩ビ業界が塩ビモノマーの残存量を１ppm以下に抑えるという自主基準を定め、厚生省もこれを受け入れる形の告示を行っています。

　しかし、同年、東京都衛生研究所が行った調査では塩化ビニル製容器24検体から１ppmを超える塩化ビニルモノマーを検出し、そのうち５検体については食品からも塩化ビニルモノマーを検出したことで、1976年、市民団体などによる「塩ビ包装・食器」の追放運動がおこりました。

　塩ビモノマーは米国毒性物質・疾病登録局（ATSDR）の「有害物質順位リスト」でも第４位にあげられる緊急な対策が必要な有害物質です。2000年８月、環境庁（現在、環境省）が発表した「平成11年度地方公共団体等における有害大気汚染物質モニタリング調査結果」によれば、千葉県市原市、愛知県名古屋市、兵庫県高砂市、三重県四日市市、山口県宇部市など塩ビモノマー製造工場や塩ビ樹脂生産工場等のある地域の大気の塩ビモノマーの濃度が特に高いという結果でした。

　また、塩化ビニルは56.8％が塩素から出来ており、この塩素は200度以上で容易に塩酸ガスや塩素ガスになるので、焼却処理の際にダイオキシンの発生源となり、塩素がリサイクルの障害にもなっています。

　さらに、軟質塩ビに使用される可塑剤のフタル酸エステル類には生殖毒性や肝臓・腎臓機能障害などの毒性があり、フタル酸エステル類やアジピン酸ジエチルヘキシルは環境庁などにより環境ホルモンの疑いがある物質としてもリストアップされています。（85ページ参照）

ポリスチレン（PS）

　ポリスチレンは、スチロール樹脂（ドイツ語）とも呼ばれており、スチレンモノマーを重合して製造します。ポリスチレンを数十倍発泡させたものが軽くて断熱性、緩衝性に富んだ発泡ポリスチレンです。

　ポリスチレンの年間生産量は成形材料用が116万トンで、発泡用が19万トン（2000年）です。

　ポリスチレンは、包装フィルム、トレー、コップ、調味料入れなどの家庭用品等に、発泡ポリスチレンは、魚箱、食品トレー、カップ麺容器、電気機器の緩衝梱包材、建築用の断熱材、畳床などに使用されています。

　また、スチレンモノマーにゴムを混ぜて重合すると、耐衝撃性に優れた半透明のHIPS（ハイインパクト・ポリスチレン）になります。乳酸菌飲料容器のほとんどがこのHIPSで、ほかにゲーム機本体やトレー、使い捨てコップ、VTRのカセットなどにも使用されています。

　ポリスチレンは熱に弱く、ベンジン、シンナーに溶けるなどの性質があります。

国際がん研究機関（IARC）の発がん性評価

グループ１	人に対して発がん性を示す物質
グループ2A	人に対して発がん性を示す可能性の高い（probably）物質
グループ2B	人に対して発がん性を示す可能性の低い（possibly）物質
グループ３	人に対して発がん性を評価するには十分な証拠が得られていない物質
グループ４	人に対しておそらく発がん性はない

出典　厚生労働省資料より

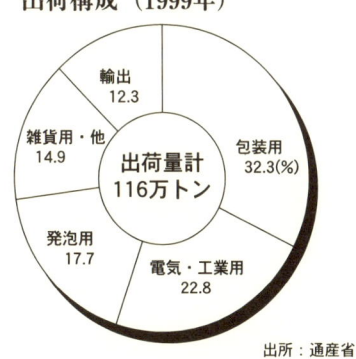

ポリスチレン成形材料の出荷構成（1999年）

出荷量計　116万トン

- 輸出　12.3
- 包装用　32.3(%)
- 電気・工業用　22.8
- 発泡用　17.7
- 雑貨用・他　14.9

出所：通産省

ポリエチレンテレフタレート（PET）

ポリエチレンテレフタレートは、ポリエステルの一種のPET樹脂から出来ています。

ポリエチレンテレフタレートの年間生産量は70万トン（2000年）です。

PETはもともと繊維やフィルム用材料に使用されていましたが、ブロー成形すると透明性、光沢性、剛性のあるボトルが出来ることがわかり、樹脂価格の低下とともに近年、PETボトルとして清涼飲料容器への使用が急増しています。

ポリエチレンテレフタレートは、成形加工条件によって耐熱性が大幅に違うので、加熱した食品に使用する場合は特に注意が必要です。

ポリビニルアルコール（PVA）

ポリビニルアルコールは、酢酸ビニルを加水分解して製造します。

ポリビニルアルコールの年間生産量は約20万トン（2000年）で、工業化や周辺技術の開発が日本で行われ、技術が世界で一番進んでいることから、日本の生産量が世界一という数少ないプラスチックの一つです。

繊維製品の透明包装用フィルムは、ポリビニルアルコールの代表的な用途の一つで、近年、特殊な用途として農業用の保温材、直掛けネットとしても使用されています。

容器包装としては、ポリビニルアルコールの高ガス遮断性を生かし、ポリオレフィン等とともに、多層ブローボトルや、カップの中間層等に用いられ、マヨネーズ、ケチャップ、味噌、サラダ油、天ぷら油、チーズケーキ、ゼリー、ジャムなどの容器に使用されています。

さらに、ガス置換包装や真空包装や脱酸素剤入り包装に用いられ、対象物としては、カツオパック、コーヒー、カステラ、まんじゅう、パラジクロルベンゼン、ケミカルカイロなどにも使用されています。

ポリ塩化ビニリデン（PVDC）

　ポリ塩化ビニリデンは塩化ビニル、酢酸ビニル、アクリロニトリルなどを共重合させてつくります。

　ポリ塩化ビニリデンの年間生産量は6万トン程度で、日本では1952年、旭ダウが、また、1953年には呉羽化学工業が工業化しました。

　ポリ塩化ビニリデンの特徴は気体や水分の透過性が非常に小さく、耐熱性、耐寒性に優れていることがあげられます。

　この特徴を活かして、家庭用ラップフィルム、ケーシング用フィルムとして水産加工品などの包装に、ハム、ソーセージなどのほか、コーティング剤としても使用されています。

　しかし、ポリ塩化ビニリデンは、ポリ塩化ビニル中の塩素と同じ性質の塩素を、ポリ塩化ビニル以上の71.3％含んでいることから、焼却処理の過程でのダイオキシン類の発生源となり、リサイクルの障害にもなっています。

（148ページ〜参照）

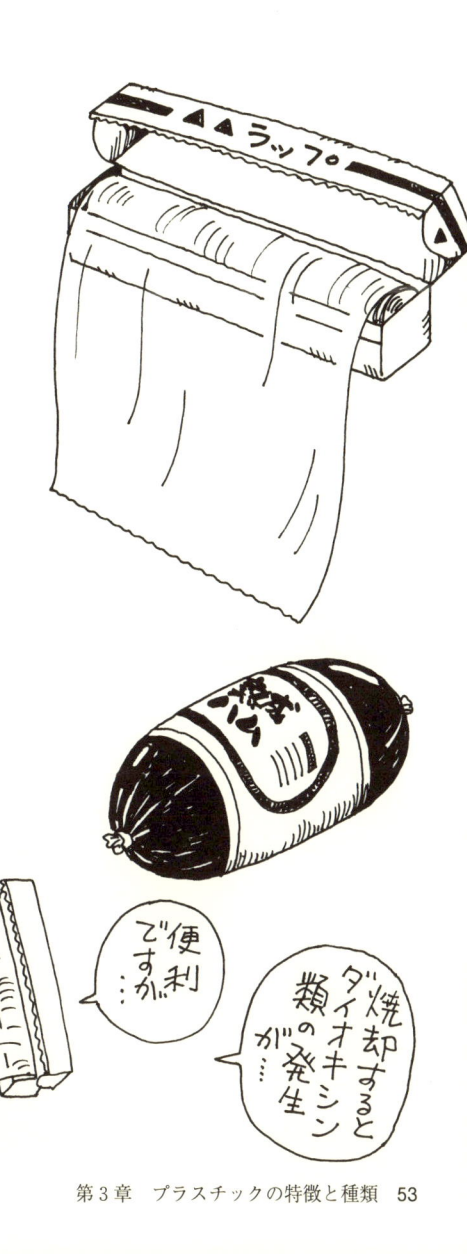

AS樹脂(アクリロニトリル・スチレン樹脂)

AS樹脂は、ポリスチレンの耐薬品性を改良するためにスチレン(S)とアクリロニトリル(A)を共重合させたプラスチックです。

AS樹脂の年間生産量は14万トンほどで、2000年には生産量が15%も伸びています。市販されているAS樹脂の組成は、アクリロニトリルが30%(重量比率)ほど含まれています。ポリスチレンより優れた耐化学薬品性、耐熱性を有し、表面が傷つきにくいという特長があります。食品関連分野にも幅広く使用され、冷蔵庫低温ケース、肉皿、ウォータークーラー部品、ジューサー、コーヒーメーカー部品等の家庭電器製品や日用雑貨類に使用されています。

ABS樹脂(アクリロニトリル・ブタジエン・スチレン樹脂)

ABS樹脂は、アクリロニトリル(A)、ブタジエン(B)、スチレン(S)を原料としています。

AS樹脂とブタジエン系ゴムとの組合せ・混合により、硬くて、しかも衝撃に対して強いという特長を持っています。

ABS樹脂の年間生産量は55万トンほど(2000年)です。

ABS樹脂は着色性が良く、表面光沢にも優れ、射出成形性や押出成形性が良いので、自動車部品、各種電気製品、日用品など比較的製品寿命の長い用途に広く使われています。

食品関連用途では、ジューサーミキサー、コーヒーメーカー等の部品、電気冷蔵庫、電子レンジの部品などのほか、魔法瓶、ポット、ジャー、浄水器、米びつ計量器、漆器などがあります。

ABS樹脂は、強い直射日光下に長時間放置すると劣化することがあります。

メタクリル樹脂（PMMA）

　メタクリル樹脂（PMMA）はアクリル樹脂やメタクリル酸メチル樹脂とも呼ばれており、無色透明な液体のメチルメタクリレートが主原料です。

　メタクリル樹脂の年間生産量は22万トンほど（2000年）です。

　透明な熱可塑性樹脂で硬く、ガラスに匹敵する透明度や高い屈折率を持つことから、無機ガラスに対して「有機ガラス」と呼ばれたり、成形品の美しさから「プラスチックの女王」とも呼ばれています。

　メタクリル樹脂は、日本国内では、1938年から工業生産が始まり、すでに60年以上が経過する、長い歴史を持つ樹脂ですが、近年、液晶バックライト用導光板やメタクリル樹脂浴槽などの比較的新しい用途への普及が進んでいます。

　用途としては、安全ガラス、車のテールやメーターパネル、看板、自動販売機前面カバーをはじめ光学特性を活かした、レンズ材利用、プラスチック光ファイバー等の需要も伸ばしています。食品用とととしては、サラダボール、シュガーポット等の器具が主体となっていますが、食品売り場間仕切り用ならびに電子レンジ用窓などにも使用されています。

　メタクリル樹脂は、ベンジン、シンナーなどに侵される性質があります。

第3章　プラスチックの特徴と種類　55

エンジニアリングプラスチック

エンジニアリングプラスチック（エンプラと略称される）とは、耐熱性が100度以上の高性能、高機能性プラスチックで、工業的な分野で主に金属に代わり使用されるプラスチックの総称をいいます。

エンジニアリングプラスチックの全プラスチック生産量に占める割合は約6％程度とあまり多くありませんが、その多くが、自動車、電気・電子機器、OA機器で使用されています。

その内訳は5大汎用エンプラといわれる**ポリカーボネート（PC）**、**ポリアミド（PA）**、**ポリアセタール（POM）**、**変性ポリフェニレンエーテル（mPPE）**、**ポリブチレンテレフタレート（PBT）**の生産量がエンプラ生産の大部分を占めています。

ポリカーボネート（PC）

ポリカーボネートはビスフェノールAと塩化カルボニルまたはジフェニルカーボネートを反応させて得られるポリエステルの一種です。

ポリカーボネートの年間生産量は35万トンほど（2000年）です。

エンプラ唯一の透明なプラスチックで、軽く強靭、耐熱温度も130度と高く、耐衝撃性や電気絶縁性に優れた特性を持っていることから特に電子・電気機器、OA機器分野の用途が広がり、1995年ナイロンの生産量を抜いて以来、日本のエンプラ生産量でトップの地位を維持しています。

CDや光ファイバーのような光学関連、医療機器、自動車などの部品、ゴーグルなどのスポーツ用品、ヘルメットや安全眼鏡のような保安部品、航空機の窓材などガラスに代わる建築材料、食品関連用途などに使われています。

ポリカーボネート生産・出荷内訳（2000年）

- 輸出入※ 36.0
- 電気・電子 OA 29.0(%)
- シートフィルム 12.0
- 自動車機械 9.0
- 医療・保安 2.0
- 雑貨その他 12.0
- 合計 35万トン

※輸出 約19万トン
　輸入 約7万トン

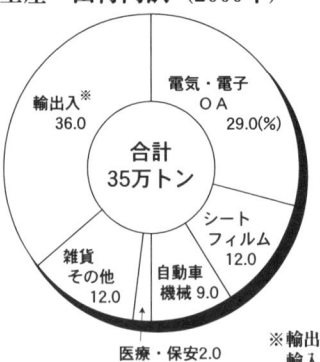

（経済産業省、工業調査会、その他より推定）

ビスフェノールAは内分泌撹乱をひきおこすの…

切り替えなきゃ

ヨーロッパを中心にハロゲン化合物を排除する動きがあるなか、ポリカーボネートとABSのアロイ（合金）が、臭素系難燃剤を使用していない耐熱素材として脚光をあびています。ハロゲンとは、塩素、臭素、フッ素などハロゲン属の元素をいいます。

しかし、食品関連用途では食器や哺乳瓶などに使用されていましたが、原料のビスフェノールAが、極微量でも内分泌攪乱作用を及ぼすという研究報告が相次ぎ、学校給食の食器やほ乳瓶が他の素材へ切り替わっています。

ポリカーボネートは、有機溶剤に弱いのでシンナーやドライクリーニング液等に触れると、ひび割れや表面が溶かされたりすることがあります。また、強アルカリ性の水溶液に接触すると、ポリカーボネートが加水分解することもあります。

ナイロン（ポリアミド、PA）

一般に、酸とアミンが反応してできるアミド結合をもつ高分子化合物の総称をナイロン（またはポリアミド）と呼びます。

ナイロンの年間生産量は26万トンほど（2000年）です。

1930年代アメリカのデュポン社と独のBASF社が開発し、当初は合成繊維用として使用されましたが、エンプラとしても最初に使用されました。

現在市販されているナイロンは、ナイロン6、ナイロン66など、たくさんの種類の特殊ナイロンがあります。さらに、最近は耐熱性の高い芳香族ナイロンや、ガラス繊維やミネラル粒子、他のポリマーとの複合化で強化されたものが数多くあります。

種々の環境下でも機械的強度の安定性が高く、また各種添加剤、補強材、異種ポリマーの配合がしやすいという利点があることから自動車のガソリンタンク・ラジエータータンク、吸気部品等に使用されているほか、電気・電子部品、スポーツ用品、フィルム等幅広い分野で使用されています。

さらに最近は、臭素系難燃剤を添加しないハロゲンフリー難燃性ナイロン、芳香族ナイロン（ベンゼン環が含まれるもの）など高機能の材質開発もすすんでいます。

ポリアセタール（POM）

　ポリアセタール（ポリオキシメチレン）は、オキシメチレンが連なってできたエンジニアリング・プラスチックです。

　ポリアセタールの年間生産量は14万トンほど（2000年）です。

　1960年、アメリカのデュポン社によって工業化され、「金属に挑戦するプラスチック」として華々しく登場しました。

　優れた機械的強さ、摩擦摩耗特性、化学的・熱的特性などに加え成形加工が容易であることから、エンジニアリングプラスチックの代表として主に電子・電気、自動車分野での使用が70％強を占めています。

変性ポリフェニレンエーテル（mPPE）

　変性ポリフェニレンエーテルは、ポリフェニレンエーテルとポリスチレンを混合したプラスチックです。

　変性ポリフェニレンエーテルの年間生産量は９万トンほど（2000年）です。

　変性ポリフェニレンエーテルは非ハロゲン系難燃剤で難燃化できる数少ない樹脂の一つで、機械的特性、耐熱性が優れ、外観が美しいため、事務機器、電気・電子分野、自動車分野で使用されています。

　国内需要とほぼ同じくらい、アジア諸国や中国向けに輸出しているのも特徴です。

ポリブチレンテレフタレート (PBT)

　ポリブチレンテレフタレート（ポリエステルエラストマー）はテレフタル酸ジメチルと1.4ブチレングリコールを原料として製造されるポリエステル樹脂です。ポリブチレンテレフタレートの年間生産量は7万トンほど（2000年）です。

　ポリブチレンテレフタレートは優れた耐熱性を持つプラスチックですが、使用量の過半数はガラス繊維や充填剤で、さらに剛性や耐熱性を向上させています。流動性が極めて良く、成形し易い樹脂で、電気特性、耐候性、耐溶剤性に優れ、難燃化しやすいので電気、電子機器部品、自動車部品、精密機械部品、その他、最近では射出成形以外の用途のフィルム等がふえているのも特徴です。

スーパーエンジニアリング
プラスチック（スーパーエンプラ）

　スーパーエンジニアリングプラスチックは通常、スーパーエンプラと略され、特殊エンプラともいわれます。「汎用エンプラよりもさらに耐熱性が高く150度以上の高温でも長期間使用できるもの」と定義されています。

　スーパーエンプラにはふっ素樹脂（FR）、ポリフェニレンスルファイド（PPS）、ポリエーテルエーテルケトン（PEEK）、液晶ポリマー（LCP）、とポリアリレート（PAR）、ポリスルフォン（PSF）、ポリエーテルスルフォン（PES）、ポリエーテルイミド（PEI）、ポリアミドイミド（PAI）、熱可塑性ポリイミド（TPI）などがあり汎用エンプラ以上の耐熱性が要求される特殊用途に使用しています。

　スーパーエンプラは高価なことから1991年のバブル崩壊後は、需要の伸びが低下していますが、その中でもふっ素樹脂は摩擦係数が低く非粘着性で、耐熱性に優れているためフライパン、鍋、アイロンなどの日用品にも多く使用され、最近ではLANケーブル被覆材や半導体分野でも使用されています。

　しかし、ハロゲン系樹脂であるフッ素系樹脂は、熱分解生成物としてフッ化水素やフッ素系ダイオキシン等を発生させることから、フライパンの空だき等の製品の使用時や、廃棄物処理、リサイクルの過程等での環境汚染が懸念されます。

熱硬化性プラスチック
ポリウレタン（PUR）

ポリウレタン（PUR）はジイソシアネートとポリオールを原料とするポリマーです。

ポリウレタン（PUR）には、熱硬化性で発泡したポリウレタンフォームと、熱可塑性で無発泡、ゴム状の熱可塑性ポリウレタン（TPUR）があります。

発泡製品のウレタンフォームの年間生産量は26万トンほど（2000年）です。

ポリウレタンは、はじめは繊維材料として開発されましたが、現在はプラスチック、合成繊維、接着剤、塗料など幅広く使用されています。軟質の発泡ポリウレタンはマットレスとして多く使用されており、硬質発泡ポリウレタンも断熱材として冷蔵庫、建築材、漁船、船舶などに使用されています。ウレタン系熱可塑性エラストマー（TPU）はホースや靴底、時計のバンド、医療分野にも使用されています。繊維としては、伸縮性が要求される下着、靴下、パンティストッキング、外科用包帯などに使用されています。

しかし、ポリウレタンは耐熱性が低く、耐水性、耐酸性、耐アルカリ性には劣り、燃えるとシアン化水素などの有害ガスを発生します。

フェノール樹脂（フェノール・ホルムアルデヒド樹脂）

フェノール樹脂は、「ベークライト」という商品名で呼ばれる方が多く、フェノール（石炭酸）とホルムアルデヒド（ホルマリン）を原料として作られます。

フェノール樹脂の年間生産量は26万トンほど（2000年）です。

フェノール樹脂は、機械的性質に優れ、広い温度範囲で強い強度と安定性を持ち、安いコストで化合できることから、ソケットや配線基板、電話器など電気器具等に広く使われています。

フェノール樹脂
成形材料用途別出荷内訳（1999年）

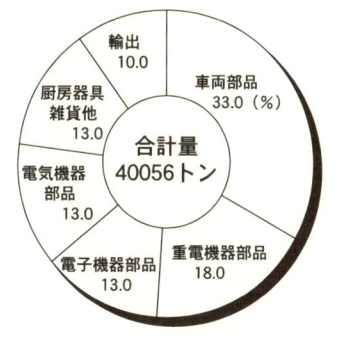

合計量 40056トン
- 輸出 10.0
- 車両部品 33.0 (%)
- 厨房器具雑貨他 13.0
- 電気機器部品 13.0
- 電子機器部品 13.0
- 重電機器部品 18.0

出所　合成樹脂工業協会

第3章　プラスチックの特徴と種類

ユリア樹脂
(尿素樹脂、尿素ホルマリン樹脂)

ユリア樹脂は、尿素（ユリア）とホルマリンとを原料として作られる硬くて無色透明なプラスチックです。

ユリア樹脂の年間生産量は21万トンほど（2000年）です。食器やボタン、電気部品などにも使われていますが、大きな用途は合板（ベニヤ板）の接着剤です。この接着剤用途が樹脂全体の生産量の8割を占め、近年、住宅用合板の低ホルマリン化の増進により、ユリア系からメラミン・フェノール系への転換が進んでいます。ユリア樹脂は、耐水性にやや難点があり、燃えると有害ガスを発生させます。

ユリア樹脂
成形材料用途別出荷内訳（1999年）

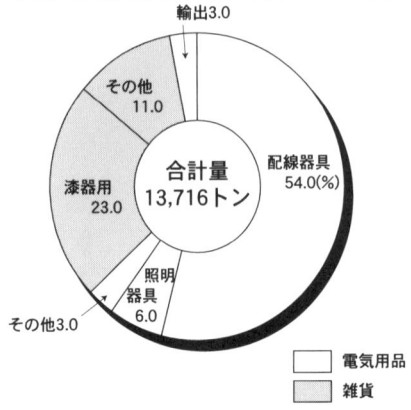

合計量 13,716トン
- 輸出 3.0
- その他 11.0
- 漆器用 23.0
- その他 3.0
- 照明器具 6.0
- 配線器具 54.0(%)

□ 電気用品
▨ 雑貨

出所　合成樹脂工業協会

メラミン樹脂
(メラミン・ホルマリン樹脂)

メラミン樹脂はメラミンという白い結晶とホルマリンとを原料として作られるプラスチックです。

メラミン樹脂の年間生産量は15万トンほど（2000年）です。

プラスチック製の食器はこのメラミン製が多く、ユリア樹脂のような、耐水性の難点もなく、硬くて陶器に似た肌合いがあり、一段高級なプラスチックとされています。

メラミン樹脂は、接着剤、化粧板、食器等の成形材に使用されています。

原料にホルムアルデヒドが用いられており、燃えると有害ガスを発生させます。

ユリア樹脂、メラミン樹脂、フェノール樹脂はホルムアルデヒドを主たる原料として製造されます。ホルムアルデヒドは発がん性があり、高濃度で接触すると皮膚、鼻粘膜などへの刺激のほか、蛋白凝固壊死作用が中枢神経抑制作用など、人体に悪影響を与えます。

1960年代、ユリア樹脂からのホルムアルデヒドの溶出が問題となり、プラスチックの安全性論議がはじまり厚生省は食品衛生法でプラスチックの試験方法を改正しホルムアルデヒドを原料とする樹脂についてのホルムアルデヒドの溶出基準を定めました。

現在、シックハウスで問題になっているものの一つが、この接着剤中のホルムアルデヒドです。

**メラミン樹脂
成形材料用途別出荷内訳（1999年）**

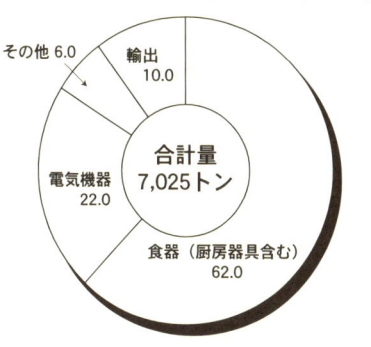

- その他 6.0
- 輸出 10.0
- 電気機器 22.0
- 食器（厨房器具含む） 62.0
- 合計量 7,025トン

出所　合成樹脂工業協会

**不飽和ポリエステル樹脂
用途別出荷内訳（1999年）**

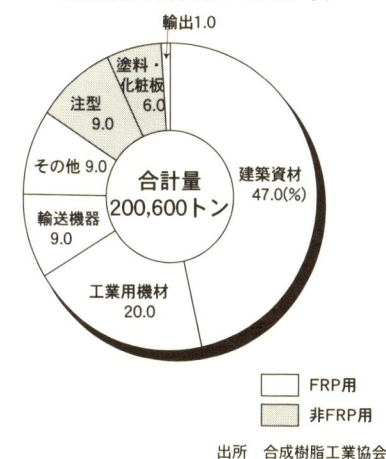

- 輸出 1.0
- 塗料・化粧板 6.0
- 注型 9.0
- その他 9.0
- 輸送機器 9.0
- 工業用機材 20.0
- 建築資材 47.0(%)
- 合計量 200,600トン

□ FRP用
■ 非FRP用

出所　合成樹脂工業協会

不飽和ポリエステル（不飽和ポリエステル樹脂）

不飽和ポリエステルは熱硬化性型のポリエステルの代表としてあげられ、単にポリエステルと呼ばれることも多くあります。

不飽和ポリエステルの年間生産量は21万トンほど（2000年）です。

そのままで、塗料や化粧板としても用いられていますが、不飽和ポリエステルとガラス繊維を混ぜたFRP（fiber reinforced plastics、繊維強化プラスチック）が特に普及しています。

FRP（繊維強化プラスチック）

FRPには、熱可塑性プラスチックをもとにした繊維強化熱可塑性樹脂（FRTP）と熱硬化性プラスチックをもとにした繊維強化性樹脂（FRP）がありますが、通常FRPといわれるものは不飽和ポリエステルを中心とした熱硬化性樹脂をもとにしたものです。

FRP（繊維強化プラスチック）の年間生産量は38万トンほど（2000年）で、その半分以上が浴槽・浴室、浄化槽、建設資材などの住宅用途に使用されています。

また、FRPは金槌でたたいても割れないほどの強度があり、ヘルメット、レジャーボートや漁船などにも使用されています。

生分解性プラスチック

　生分解性プラスチックとは自然環境のもとで微生物によって分解されるプラスチックのことで「グリーンプラ」とも呼ばれています。

　生分解性プラスチックは微生物による生分解を利用したものや、化学合成したもの、天然物（主にデンプン）を改質したものなどがありますが、現在、微生物、ポリ乳酸とその共重合体、デンプン、合成ポリマー系、セルロース系などの生分解性プラスチックが実用段階にあります。米モンサント社ではトウモロコシを原料とするポリ乳酸系ポリマーの本格的な工場建設に着工していますが、遺伝子組み換え植物の使用が懸念されています。

　しかし、プラスチック本体が生分解されても、埋め立て地でのメタンガスの発生や、添加剤やインキ、顔料などが分解せずに環境中に残ること等による地下水汚染の問題も残っています。

　このように、プラスチックにはたくさんの種類がありますが、さらにそれぞれのプラスチックの性能を向上させたり、欠点を補うためにプラスチック同士の混合や、共重合などのいろいろな改良が行われています。

第 4 章

プラスチック製品の表示

このようにプラスチックにはたくさんの種類があり、様々な製品に加工されています。しかし、その材質表示が法律で定められているのは、家庭用品やＰＥＴボトルなど、プラスチック製品の一部でしかありません。

プラスチック製品の表示の現状はどうなっているのでしょうか。

```
家庭用品品質表示法に基づく表示
原料樹脂  ポリエチレン
耐冷温度  －30度
寸法  外形  500×700 (ミリメートル)
      厚さ   0.03  (ミリメートル)
      枚数     10
取扱上の注意
   火のそばのおかないでください。
表示者  P1-7710・E-58
良品化工株式会社
東京都中央区日本橋
電話 03-0000-0000
```

法律等に基づく材質表示

「家庭用品品質表示法」

「家庭用品品質表示法」の合成樹脂加工品質表示規定により、次にあげられる家庭用品を対象に、原材料名、耐熱温度、耐冷温度、取扱上の注意、表示者などの表示が義務づけられています。

1．洗面器、たらい、バケツ、浴用器具
2．かご
3．盆
4．水筒
5．食事用、食卓用又は台所用器具
   （ごみ容器、洗いおけ、皿、椀、コップ、弁当箱、まな板、製氷用器具など）
6．ポリエチレン製、ポリプロピレン製の袋
7．湯たんぽ
8．可搬型便器及び便所用の器具

「再生資源の利用の促進に関する法律」

1991年に成立した「再生資源の利用の促進に関する法律」（リサイクル法）により、醤油、酒類、清涼飲料等のPETボトルは、通産省から「第二種指定製品」に指定され、いわゆる「二種PET」として、93年6月より分別回収するための表示が義務づけられています。

「資源の有効な利用の促進に関する法律」∞PVC

2000年に成立した「資源の有効な利用の促進に関する法律」（改正リサイクル法）では、次の塩ビ建材が指定表示製品に位置づけられ、関係業者への周知徹底が進められています。

1．硬質塩化ビニル管
2．塩ビ製サッシ
3．塩ビ製雨樋
4．塩ビ製床材
5．塩ビ製壁紙

第4章　プラスチック製品の表示

「資源の有効な利用の促進に関する法律」プラスチック容器包装

2000年4月から本格施行された「容器包装リサイクル法」に伴う、改正リサイクル法により、2001年4月から飲料・醤油用PETボトルを除くプラスチック製容器包装の識別表示が義務化されました（罰則は2003年3月31日まで猶予）。

しかし、各々のプラスチックの材質を表示する材質表示については、「自主表示」とされ、経済産業省でも事業者に「識別表示に材質表示を加えることが望ましい」と指導を行うにとどめられています。

材質表示にはJIS k6899-1 2000（ISO 1043 1997）で定められている記号が用いられます。

表示が行われていない容器包装材を見かけたら、メーカーに問い合わせて材質表示を求めましょう。

都道府県の条例

東京都消費生活条例をはじめ、多数の道府県の条例によって、家庭用ラップフィルムの外箱に材質表示等を行うことが義務づけられています。原材料名に加えて添加物名も表示することになっていますが、添加剤の全てを表示することにはなっていないため、塩化ビニル製ラップ製造メーカーは、熱成形の過程でノニルフェノールを大量に発生させる安定剤トリスノニルフェニルフォファイト（TNP）を添加していることを表示していませんでした。

ポリエチレン、単一　　ポリプロピレン、ナイロン、複合（積層）
　　　　　　　　　　　　主：ポリプロピレン

識別表示　　　プラ　　　　プラ
材質表示　　　PE　　　　PP , PA

PPたとえばポリプロピレン…

品　　　名	食品包装用ラップ
原材料名	ポリエチレン
添加物名	なし
寸　　法	幅30cm×長さ50m
耐熱温度	160度　　耐冷温度　-60度
使用上の注意	●油性の強い食品を直接包んで電子レンジに入れないでください。
	●火気に近づけないでください。

安全ラップ工業株式会社
〒000-0000　□□県□□市□□□

▲▲ラップ。

プラスチックの略称表

樹脂分類	樹脂名	略称
セルロース系プラスチック	酢酸セルロース	SA
	セロファン	SF
	硝酸セルロース	SN
	アセチルセルロース	SA
熱硬化性樹脂	フェノール樹脂	PR
	尿素樹脂	UR
	メラミン樹脂	MR
	フラン樹脂	FR
	不飽和ポリエステル樹脂	FRP
	エポキシ樹脂	Epoxy
	ジアリルフタレート樹脂	DAP
	グアナミン樹脂	GAR
	ケトン樹脂	KR
熱可塑性樹脂	超低密度ポリエチレン	ULDPE
	低密度ポリエチレン	LDPE
	中密度ポリエチレン	MDPE
	高密度ポリエチレン	HDPE
	アイオノマー	IO
	塩素化ポリエチレン	OPE
	エチレン塩化ビニルコポリマー	EVCC
	エチレン酢酸ビニルコポリマー	EVAC
	ポリ酢酸ビニル	PVA
	ポリプロピレン	PP
	ポリブテン	PB
	ポリブタジエン	PBD
	ポリメチルペンテン	PMP
	ポリスチレン	PS
	ポリα-メチルスチレン	PαMS
	ポリパラビニルフェノール	PpVP
	ABS樹脂	ABS
	ABS/PVCアロイ	ABS/PVC
	ABSポリエステルアロイ	ABS/PBT
	SAN樹脂	SAN
	AES樹脂	AES
	AAS樹脂	AAS
	メタクリル樹脂	PMMA
	ノルボルネン樹脂	PCPD
	ポリ塩化ビニル	PVC
	ポリ塩化ビニリデン	PVDC
	ポリアリルアミン	PAA
	ポリビニルエーテル	PVE

樹脂分類	樹脂名	略称
熱可塑性樹脂	ポリビニルアルコール	PVOH
	エチレンビニルアルコール共重合体	EVOH
	石油樹脂	PR
	熱可塑性エストラマー	TPE
	熱可塑性ポリウレタン樹脂	TPU
	ポリアクリロニトリル	PAN
	ポリビニールブチラール	PBB
熱可塑性汎用エンプラ	ナイロン	PA
	1）ナイロン6	PA6
	2）ナイロン66	PA66
	3）ナイロン620	PA610
	4）ナイロン612	PA612
	5）ナイロン11	PA11
	6）ナイロン12	PA12
	7）ナイロン46	PA46
	8）ポリアミドMDX6	MDX6N
	ポリアセタール	POM
	変性ポリフェニレンエーテル	mPPE
	ポリブチレンテレフタレート	PBT
	ポリエチレンテレフタレート	PET
	ポリカーボネート	PC
ポリマーアロイ	変性ポリフェニレンエーテル	PPE/PS
	1）PC／PBTアロイ	PC/PBT
	2）PC／ASCアロイ	PC/ABS
	3）PC／PETアロイ	PC/PET
熱可塑性スーパーエンプラ	ポリスルフォン	PSF
	ポリエーテルスルフォン	PES
	ポリフェニレンスルファイド	PPS
	ポリアリレート	PAR
	ポリアミドイミド	PAI
	ポリエーテルイミド	PEI
	ポリエーテルエーテルケトン	PEEK
	超高分子量ポリエチレン	UHMWPE
	アイソタクチックポリスチレン	i-PS
	液晶ポリマー	LCP
	ポリイミド	PI
架橋型エンプラ	フッ素樹脂	FR
	ビスマレイミドトリアジン	BT
	シリコーン樹脂	SI
	ポリトリアジン	PAZ
	架橋ポリアミドイミド	PAI
	耐熱エポキシ樹脂	EP

『プラスチックのはなし』東京都消費生活総合センターより

業界団体等の自主規格に基づく材質表示

「追矢三角マーク」
（日本プラスチック工業連盟）

日本プラスチック工業連盟は、1992年5月、米国プラスチック産業協会（SPI）の「SPIビン類・容器類樹脂材質識別自主的コード」に準じた「追矢三角マーク」をビン、容器類に表示することを定めました。しかし、「再生資源の利用の促進に関する法律」で表示が定められた1番のPETボトルと、トレーのマテリアルリサイクルが進んでいる6番の発砲ポリスチレン以外の表示はすすんでいません。

容器包装リサイクル法の施行後は、容器包装材については、材質表示の混乱をきたすことから、1番の二種ペット以外はISOマークに移行することが望まれています。

「JHPマーク」
（塩ビ食品衛生協議会）

塩ビ食品衛生協議会（JHP）の自主規格に合格した塩ビ製食品容器包装材につけるマークです。卵パック、野菜パック、フィルム等に表示されている場合があります。材質表示ではありませんがこのJHPマークがあれば塩ビ製であることがわかります。

「ＰＬマーク」
（ポリオレフィン等衛生協議会）

ポリオレフィン等衛生協議会の自主規格に合格した、ポリエチレン、ポリプロピレン、ポリメチルペンテン、ポリスチレン、発砲ポリスチレン、ナイロンなどの食品容器包装材につけられるマークです。食器トレーやパック、カップ等に表示されている場合があります。材質表示ではありませんがこのマークがあれば非塩素系樹脂製品であることがわかります。

●JHPマーク ●PLマーク

プラスチック識別マーク（自主的材質表示方式）						
ポリエチレンテレフタレート	高密度ポリエチレン	ポリ塩化ビニル	低密度ポリエチレン	ポリプロピレン	ポリスチレン	その他のプラスチック
1	2	3	4	5	6	7
PET	HDPE	V	LDPE	PP	PS	OTHER

日本玩具協会のおもちゃの自主表示

　おもちゃメーカー約600社でつくる㈳日本玩具協会では、2000年4月から、3歳未満向けのST*基準内商品を対象として、おもちゃの材質表示を実施しています。

　しかし、表記方法が不徹底で、おもちゃの対象年齢はメーカーが自由に設定できるため3歳未満の乳幼児が使用するおもちゃでも、メーカーによって対象年齢が3歳以上に設定されるなど、おもちゃの材質表示はあまり進んでいません。

　さらに、現在問題となっている塩ビおもちゃの添加剤の表記については、フタル酸エステル類を可塑剤に使用している場合は「塩化ビニル樹脂」または「PVC」と表示し、その他の可塑剤を使用している場合には、材質名に加えて「非フタル酸系可塑剤使用」と付記することだけが定められたため、フタル酸エステル類の代わりにどんな可塑剤に代替されたのかや、ビスフェノールAやノニルフェノールなどの内分泌撹乱作用が指摘されている他の添加剤の使用については知ることは出来ません。

ST（セーフティ・トイ）マーク

　ST（セーフティ・トイ）マークとは、㈳日本玩具協会による自主基準に合格した製品につけられるおもちゃの安全マークです。

　万一事故が起こった場合、被害者に最高1億円の損害賠償、30万円までの見舞金制度があります。しかし、このSTマークの安全基準には食品衛生法の重金属などの規格基準があるものの、フタル酸エステル類等の環境ホルモンについての安全基準はありません。

ST

表示と情報公開を求めよう！

このように、法律や業界のガイドライン等によりプラスチック製品の材質表示が実施されていますが、それは一部に過ぎず、食品の容器包装材や子どもが使用するおもちゃや文具類でさえも、表示が徹底されていないのが現状です。また、100円ショップ等で売られているザル等には法律で定められている表示がないものもあります。このような製品を見つけた場合は、立ち入り調査の権限がある都道府県の担当部局に連絡して改善を指導してもらいましょう。

さらに、臭素系難燃剤やプラスチック原料や添加剤の環境ホルモンの問題がクローズアップされる現在でも、プラスチック製品に使用される添加剤名や毒性についての情報公開は全く進んでいません。

わからないことがある時には、消費者としてメーカーや販売店、行政にどんどん聞きましょう。

企業の積極的な情報公開は、消費者が積極的に情報公開を求めることによって促されます。

第5章

プラスチックの添加剤

プラスチック製品には機能性を高めたり、短所を補うために様々な添加剤が使用されています。

成形の際、加熱により空気中の酸素と反応して劣化することを抑える酸化防止剤などの添加剤をはじめ、一部の低密度ポリエチレンを除いて、合成樹脂には添加剤を加えなければプラスチック製品はできないといわれ、原料の種類や用途に応じて、通常5〜10種類の添加剤が加えられています。

添加剤には、劣化を抑える安定剤、柔軟性を持たせる可塑剤、燃えにくくする難燃剤、気泡を入れるための発泡剤、静電気を帯びるのを防止する帯電防止剤、紫外線から守るための紫外線防止剤、色をつけるための着色料など、プラスチック添加剤として使われている化学物質は1000種以上もあります。添加量は1%から60%まであり、軟質塩ビのように大量の添加剤を使用するプラスチックもあります。

安定剤

安定剤は成形加工時や使用時に熱や光、酸素などによって劣化するのを抑えるために使用される添加剤です。

大きく分けて、樹脂中の塩素が離脱してしまうことが劣化の中心である塩素系樹脂の安定剤と、空気中の酸素による自動酸化反応によって劣化する一般的なプラスチックの安定剤の二つに区分されます。

塩素系樹脂の安定剤

塩ビなどの塩素系プラスチックの脱塩化水素反応を防ぐためとして、金属せっけん系、有機スズ系、鉛系の熱安定剤や、金属せっけんなどの主安定剤と併用するエポキシ化合物、ホスファイト系などの安定化剤が組み合わせて使用されます。塩ビにはこの安定剤が数パーセント添加されています。

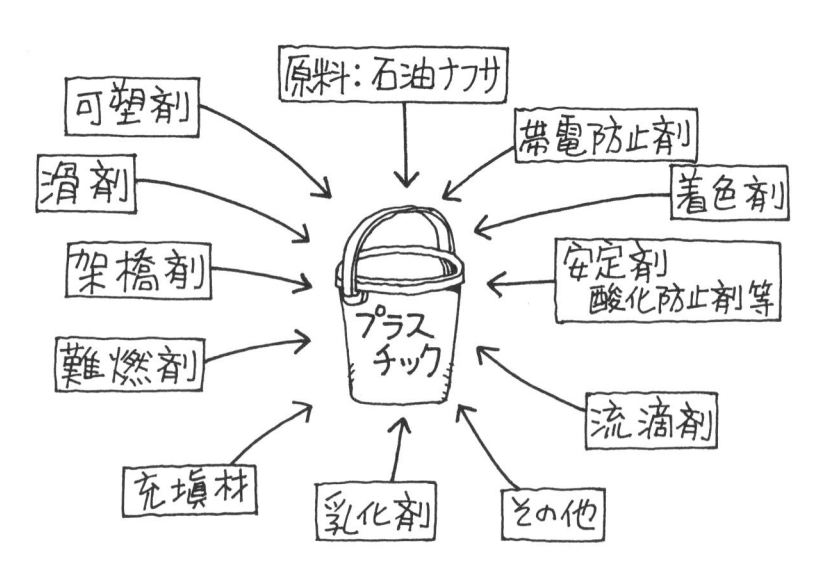

鉛

　鉛系安定剤は、食品容器包装材としての使用は禁止されており、業界団体によれば、現在、日本国内で生産される塩ビ製品には食品以外の用途でも、鉛系安定剤の使用は止めつつあるとのことですが、国内で過去に生産された塩ビ製品や輸入品には鉛系安定剤が添加されています。

　代表的な鉛系安定剤には、ステアリン酸鉛、塩基性硫酸鉛（パイプ、電線の被覆）、塩基性亜燐酸鉛（窓枠など）があります。

　1998年10月、建設省では、塩化ビニル製ケーブルがハロゲン（フッ素、塩素、臭素などのハロゲン属の元素）だけでなく、鉛を含んでいることから埋設時の環境汚染を懸念して、ポリエチレン製のEM（エコマテリアル）ケーブルを官庁営繕部で全面的に導入していくことに決定しています。

　鉛の毒性には、神経毒性、腎臓障害などの慢性毒性があり、内分泌撹乱作用も疑われている重金属です。

　最近の研究では、$10\mu g/d\ell$レベルの微量で、子どもの身長、体重、知能などに若干の遅れがみられ、さらにIQ低下、運動機能障害、行動面の問題も増えることがわかってきています。

　アメリカの最新の研究では、全米の児童の4％がこのレベル以上の鉛を摂取しており、都市部では30％以上の児童がこのレベル以上であるという報告も行われています。

　97年5月に採択された、「環境サミット宣言」では子どもの血液中の鉛濃度レベルを$10\mu g/d\ell$に抑えることが目標として掲げられています。

米国毒性物質・疾病登録局（ATSDR）の
有害物質優先順位リスト（改訂版）

ランク	物質名
1	砒素
2	鉛
3	水銀
4	塩化ビニル・モノマー
5	ベンゼン
6	PCB
7	カドミウム
8	ベンゾ（a）ピレン
9	多環式芳香族炭化水素
10	ベンゾ（b）フルオランテン
11	クロロホルム
12	DDT p,p'-
13	アロクロール-1260
14	アロクロール-1254
15	トリクロロエチレン
16	6価クロム
17	ジベンゾアントラセン
18	ディルドリン
19	ヘキサクロロブタジエン
20	DDE p,p'-
21	クレオソート
22	クロールデン
23	ベンジジン
24	アルドリン
25	アロクロール-1248

砒素・鉛・水銀という焼却炉から排出されるものが最上位に来ていることにも注目させられます。
「奈良ごみの会　別処珠樹氏提供」

スズ

　有機スズ系安定剤は、塩ビ製食品容器包装材に最も多く使用されている添加剤です。

　食品衛生法では塩化ビニル樹脂中のジブチルスズ化合物は50ppm以下に規制されていますが、2000年8月の国立医薬品食品衛生研究所の研究報告によれば、塩ビ製容器から数千ppmのジオクチルスズ化合物が検出されたほか200ppmを超えるジブチルスズが検出された塩ビ製容器も見つかっています。しかし、この容器は、包装された海苔を詰める容器だったため、食品衛生法の規格違反とはなりませんでした。

　このように使用されている添加物の観点からも、食品用途以外のプラスチック製品を食品が直に接する目的で利用することはさけましょう。

　さらに、塩ビの安定剤・金属せっけんなどと併用して、成形の際の熱によってノニルフェノールを分解生成させるトリス（ノニルフェニル）フォファイト（TNP）やビスフェノールA等、環境ホルモンの疑いがある物質も安定化助剤として使用されています。

　これらの安定化助剤の役割は、塩ビ安定剤の、脱カドミウム、脱鉛安定剤の動きの中で、ますます大きくなりつつあります。

一般的なプラスチックの安定剤

　空気中の酸素による自動酸化反応による劣化を防止するために添加する一般的なプラスチックの安定剤には、紫外線吸収剤などの光安定剤やフェノール系、リン系、イオウ系などの酸化防止剤があります。フェノール系のBHTの使用が最も多く、ノニルフェノールを含む構造のTNPも酸化防止剤として使用されています。

BHT（ジブチルヒドロキシトルエン）

　ポリプロピレン等に酸化防止剤として使用されているBHTは、1970年代より動物実験による肝臓肥大、催奇形性、染色体異常などの毒性が問題となり、学校給食用ポリプロピレン食器への使用が中止されたという経緯があります。しかし、BHTは現在もポリプロピレンに良く使用されており、1999年度の厚生省の調査研究でも、BHTは、食品用ポリプロピレンに使用される添加剤で8番目に量が多いという結果でした。

可塑剤

　可塑剤は、プラスチックに柔軟性を与えたり加工しやすくするために使用される添加剤で、主に塩化ビニルに使用されます。

　塩化ビニル樹脂はもともと水道管や窓枠のように硬質のプラスチックですが、可塑剤を大量に添加することで、電線被覆や合成皮革、農業用ビニル、ソフト人形のような軟質塩ビ製品になります。

　軟質塩ビには、精巣への障害や生殖毒性のあるDEHP（フタル酸ジ－2－エチルヘキシル）をはじめ、環境ホルモンとして指摘されているフタル酸エステル類やアジピン酸ジエチルヘキシル等の可塑剤が、材質中10％～60％も添加されています。

　可塑剤には、市場の80％を占めるフタル酸エステル類のほか、脂肪族二塩酸エステル、塩素化パラフィン、ポリエステル、エポキシ、リン酸エステル、トリメリット酸エステル等があり、塩ビのほか、塩化ビニリデン、酢酸ビニル、ゴム、塗料、接着剤にも使用されます。可塑剤、難燃剤として使用されるリン酸エステル類は、リン酸トリフェニル（TPP）など、人体への悪影響や、水生生物への毒性があるものも数種類あります。

難燃剤

　難燃剤は、電線、電気機器、オーディオ機器などのプラスチック製品が高温にさらされ、燃焼するのことを防止するために使用されます。臭素系、塩素系、リン系、酸化アンチモン系、金属水酸化物系などの難燃剤がありますが、塩素系、臭素系のハロゲン系難燃剤は焼却処理の際、ダイオキシンや臭素系ダイオキシンを発生させます。ドイツでは難燃剤へのPBDEs（ポリ臭化ビフェニルエーテル）の使用を禁止し、環境ラベルの「ブルー・エンジェル」では、プラスチック材料は、有機ハロゲン化合物を含有してはならないこととされています。

　また、スウェーデンでも臭素系難燃剤の母乳濃度が年々上昇しており、PBDEs、PBB（ポリ臭化ビフェニル）の段階的廃止を決めています。

　さらに、EU（欧州連合）の廃電気電子機器（WEEE）指令案では、2008年1月までに電気電子機器からPBDEs、PBBを排除する方針が打ちだされています。

　また、臭素系難燃剤の代替に使用されるリン系の難燃剤には神経毒性があることから、パソコン等に使用されていたリン系の難燃剤が室内の空気に揮散し健康に被害を及ぼすことも懸念されています。

　水酸化アルミニウム、水酸化マグネシウム等の無機系の難燃剤は、衛生上の問題が少なく、安価なことから、幅広く使用されていますが、難燃剤としての効果はハロゲン系難燃剤のように高くないことが弱点です。

滑剤

　滑剤は、加熱成形の際、プラスチック製品が金型からはがれやすくするために添加されます。ワックス類、パラフィン類の炭化水素系、ステアリルアルコールなどの脂肪酸系、高級アルコール系滑剤などがありますが、ポリスチレンやABS樹脂製などの食品容器包装材のポジティブリストには、フタル酸エステル類の滑剤として使用が認められています。

ポジティブリストとは

　食品容器包装等に使用されるプラスチックについて、使用できる基ポリマーや添加剤について業界で定めた自主基準をいいます。

　樹脂の種類別に塩ビ食品衛生協議会、ポリオレフィン等衛生協議会、塩化ビニリデン衛生協議会の3団体のポジティブリストがあります。

充填材／補強剤

　充填剤・補強剤は、プラスチックに練り込んで増量し、製品のコストを下げたり、発熱量を低下させたりする目的で使用されます。炭酸マグネシウムや木粉などが使用されます。

光安定剤

　プラスチックの光酸化劣化を防止する添加剤を、光安定剤と言います。紫外線吸収剤は、紫外線による劣化を防ぐために添加されます。サルチル酸誘導体、ベンゾフェノン系、ベンゾトリアロール系などの添加剤があります。

着色料・顔料

　着色料・顔料は、ほとんどのプラスチックが無力透明か白色のため、プラスチック製品を美しく着色したり、光線の透過を防止して内容物を保護したり、不透明にするために添加されます。

　顔料として、鉛丹、カドミウムイエロー、カドミウムレッド、クロム酸鉛（黄鉛）などの有害重金属からなる無機顔料が使用されていますが、顔料として使用されている間は安定しているといわれています。しかし、2000年7月にも、都内スーパーで販売されていた外国産ストロー2検体から、食品衛生法の鉛の基準値である100ppmを超える値の鉛が検出され、全品が回収された事例もあります。

　さらに、有害重金属からなる無機顔料が焼却炉で焼却されると、様々な分解反応を起こして有害重金属による環境汚染の原因となります。

　カドミウムの毒性は、大量のカドミウムを短期間に摂取したことによる急性中毒（嘔吐、下痢、ショック症状）と微量のカドミウムを長期間摂取したことによる慢性中毒（腎臓能低下、腎障害）があります。

帯電防止剤

　プラスチックは、もともと電気をためやすい性質を持っているため、静電気の発生を防止するために添加されます。

　帯電防止剤には界面活性剤が主に使用されますが、分解の過程でノニルフェノールが生成される、非イオン系の界面活性剤ポリオキシエチレンアルキルフェニルエーテル（POEP）の使用は、残念ながら食品の容器包装材についての業界の自主規格でも認められています。

架橋剤

　架橋剤は、プラスチックの強度を増したり、流動性を低下させるために添加されます。

　アミン類、アルデヒド類、スチレンモノマーなどが使用されます。

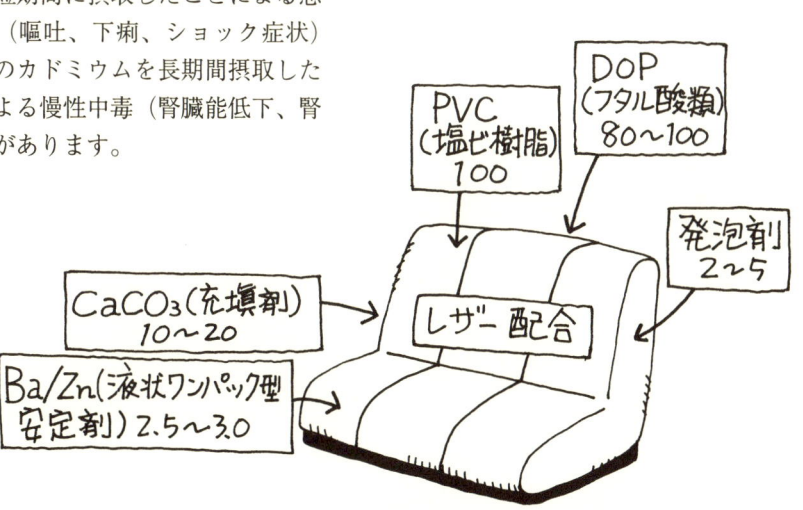

第5章　プラスチックの添加剤

抗菌剤・防かび剤

細菌やかびの繁殖を抑えるために添加されます。抗菌まな板や抗菌便座、抗菌文具などには、銀などの抗菌性金属が練り込まれています。この無機系の抗菌剤は作用も弱いかわりに人体への影響も少ないといわれていますが、塩化チタン、亜鉛、銅などの抗菌剤でアレルギー症状を起こす可能性があります。

さらに、1997年、銀系抗菌剤を使用したポリカーボネート製子供用食器から食品衛生法の基準値を上回るビスフェノールAが検出されたように、金属を添加することで触媒作用等を起こし、樹脂原料や添加剤の溶出を増大させる可能性も指摘されています。

また、プラスチック製品には有機系の抗菌剤がコーティングされる場合もあります。エアコン、ファンヒーターのフィルターには防かび剤のTBZ（チアベンタゾール）などが、抗菌加工のスポンジには、塩化ベンザルコニウムなどが使用される例もありますが、有機系の抗菌剤は無機系の殺菌剤に比べて殺菌力も人体への影響も強力です。

抗菌剤の使用は、最近の抗菌性プラスチックブームで増加しています。しかし、もともと人間の体は、腸内細菌や皮膚常在菌をはじめ、様々な微生物が不可欠で、菌のバランスの中で健康な生活を送ってきました。

安易な抗菌は、耐性菌を生み出すばかりでなく、反対に人間の抵抗力を落とす結果を招いてしまいます。

また、このような抗菌剤の氾濫は、環境ホルモン問題から得た私たちの教訓「私たちの身の回りから化学物質を減らして行こう！」という考え方に逆行しています。

抗菌剤に頼るよりも、良く洗う、乾かす、熱湯で消毒する（耐熱温度に注意）等、物理的な方法を選びましょう。

第6章

プラスチックと環境ホルモン

最近はひと頃のように「環境ホルモン」がセンセーショナルに報道されることは少なくなりました。しかし、私たちは依然として環境ホルモン物質にさらされながら毎日の生活を送っています。

環境ホルモン（内分泌攪乱化学物質）とは、人や野生生物の内分泌系を混乱させ、生殖機能への悪影響や、悪性腫瘍（がん）などを引き起こす化学物質のことをいいます。内分泌系は免疫系や神経系などと密接につながり相互に作用しているため、生殖影響だけでなく、脳の発達、アレルギー反応、発がん性などにも関連します。

さらに、環境ホルモンは、10億分の1（ppb）、1兆分の1（ppt）というごく微量で作用し、胎児に不可逆的な影響を与えてしまうという特徴があります。

ワニ、アザラシ、カモメ、ニジマス、巻き貝などの野生生物にはすでに、有機塩素系の殺虫剤のDDTやダイオキシン、PCB、トルブチルスズ（有機スズ）、ノニルフェノールなどの環境ホルモン物質によって、雄の雌化、生殖機能異常、生殖行動異常や免疫系、神経系への影響が現れており、人間にもかつて流産防止剤として使用されたDES（ジエチルスチルベストロール）によって、生まれた子どもに膣がん、睾丸がんなどの多くの生殖系異変が起こっています。

さらに、環境ホルモンとの因果関係は解明されていませんが、人間にも、乳がん、子宮内膜症、精巣がん、前立腺がん、停留精巣、尿道下裂、アトピーなどの病気が増えています。

1975年から1993年の厚生省の全国推計値によると…

前立腺がん、乳がんの罹患率はほぼ倍増しています

ウイングスプレッド宣言

　環境ホルモン問題は、1991年6月、このような異変に気づいた米国の生物学者シーア・コルボーンら21人の科学者達が、アメリカのウイングスプレッドで会議を開き共同宣言を行い、社会に問題を提起したことにはじまります。宣言では「人類の大半が経験している比較的低いレベルの汚染であっても、胎児の発達の土台を崩し、これから生まれるはずの子どものいのちを奪う可能性がある」として緊急な対策を訴えました。

　その後、コルボーンらは1996年3月、『奪われし未来』を出版し、ウイングスプレッド会議も継続して開催し、社会に警鐘を鳴らし続けています。

　宣言では有害物質に影響を受けやすい、胎児や乳幼児への対策と、有害物質が人に与える影響の因果関係が証明されなくても対策を講じるべきだとする、予防原則の考えが貫かれています。

第5回宣言「神経と行動に関する懸念」

　「妊娠中、乳児期、幼児期の脳発達に対して、ホルモン変動が与える影響を研究した結果、とくに甲状腺機能が損傷されると知能から行動にかけて問題が起こる」「成人には安全なレベルの汚染物質でも妊娠中、乳児期、幼児期には取り返しのつかない影響を与える」（1995.11）

第7回宣言「予防原則の宣言」

　「われわれ人類は自分たちが作ってきたこれらの有害物質を、以前とは格段に注意して使用しなければならない。その責任は大衆にあるのではなく、それらを考案し製造し販売してきた側にある」「予防原則をうち立てるべく、関係者がオープンに民主的に行動を開始するよう求める」（1997.1）

出典：『環境ホルモンとは何かⅠ』（藤原書店）

わたしたち安心できません…

おなかの中でも、生まれてからも…

環境ホルモンの疑いで
リストアップされている
プラスチック原料、添加剤

　現在までに政府や研究機関から、環境ホルモンの疑いがある物質として、約150の物質があげられていますが、環境庁（当時）は1998年5月「環境ホルモン戦略計画SPEED'98」のなかで、内分泌撹乱作用が疑われている化学物質として67物質をリストアップしました。

　その中には、ダイオキシンやPCB、DDTなどのPOPs（残留性有機汚染物質）にも指定されている有機塩素化合物や農薬類等とともにフタル酸エステル類、ノニルフェノール、ビスフェノールA、スチレン2量体・3量体（ダイマー・トリマー）など、プラスチックの原料や添加剤に使用されている化学物質やその不純物もリストアップされています。

　その後、環境庁（当時）は2000年7月と10月、2001年3月に、12物質を優先的にリスク評価に取り組む物質として指定しました。

　トリブチルスズ、トリフェニルスズ、ベンゾフェノン、オクタクロロスチレンとともにプラスチックの添加剤として使用される、ノニルフェノール、4-オクチルフェノール、主に塩ビの可塑剤に使用されるフタル酸ジエチルヘキシル（DEHP）、フタル酸ブチルベンジル（BBP）、フタル酸ジブチル（DBP）、フタル酸ジシクロヘキシル（DCHP）、フタル酸ジエチル（DEP）、アジピン酸ジエチルヘキシル（DEHA）の12物質です。

　しかし、その一方で、環境庁（当時）は、カップ麺論争で、容器からの実際の食品への溶出が社会問題となったスチレン2量体・3量体（ダイマー、トリマー）については「リスクが低く今後行政施策としての試験は行わない……」（検討会議事要旨2000年7月より）という見解をまとめ、2000年11月、スチレン2量体・3量体を「環境庁（当時）の内分泌撹乱作用が疑われている化学物質」のリストから削除しました。

　これに対して、2001年7月、東京都は、一部のスチレン2量体・3量体が人の乳ガン細胞を用いた実験で、女性ホルモン作用が認められたことから、国に対して「人体に影響を及ぼす可能性がある」ことを報告しています。

プラスチック関連の環境ホルモン

環境ホルモンとして指摘されている物質	使用されているプラスチック	製品	用途
ビスフェノールA	ポリカーボネート	ほ乳びん、学校給食食器、食器、虫歯治療シーラント、はし	プラスチックの原料 プラスチックの安定化助剤
	エポキシ樹脂	缶詰内面塗装	
スチレン類 スチレンモノマー スチレンダイマー スチレントリマー	ポリスチレン	食品容器、保冷箱（発泡スチロール）、肉魚のトレー、乳製品容器	プラスチック原料の不純物
	ABS樹脂 AS樹脂	家電品、サラダボール、コップ、弁当箱	
フタル酸ジエチルヘキシル フタル酸ブチルベンジル フタル酸ジブチル フタル酸ジエチル	ポリ塩化ビニル ポリ塩化ビニリデン	ラップ類、炊事用手袋、乳幼児玩具、食品包装、水道管、電線被覆、農業用フィルム、カバン類、壁紙他	プラスチックの可塑剤
アジピン酸ジエチルヘキシル	ポリ塩化ビニル 合成ゴムなど	ホース、塩ビ製手袋、おもちゃ	プラスチックの可塑剤
ノニルフェノール	安定剤TNPPの分解生成物 滑剤TOEP 〃	塩ビ製ラップ、手袋、ほか	プラスチックの添加剤
ダイオキシン	ポリ塩化ビニルの焼却 ポリ塩化ビニリデン 〃		非意図的に生成

第6章 プラスチックと環境ホルモン

POPs（残留性有機汚染物質）

　POPs（残留性有機汚染物質）とは、残留性、生物濃縮性、揮発移動性、毒性の４つの特徴を持つ有機汚染物質です。

　1998年からUNEP（国連環境計画）のもとで、POPsを国際的に規制する条約文書づくりのため、政府間交渉会議（INC）が開かれており、2000年12月に南アフリカ、ヨハネスバーグで開催された第５回政府間交渉会議（INC）でPOPs廃絶に向けた条約文書が合意されました。

　対象となるPOPsは、ダイオキシン類、フラン類、PCB類、DDT、クロルデン、アルドリン、エンドリン、ディルドリン、トキサフェン、ヘプタクロル、マイレックス、HCBの12種。

　2001年５月、スウェーデンのストックホルムで調印式が行われ、「残留性有機汚染物質（POPs）の排出削減に関する国際条約」が調印されました。

スチレン

　ポリスチレンは、年間約134万トン生産されており、そのうち約4万トンがヨーグルトやデザートの容器として、また発砲ポリスチレンはカップ麺容器や生鮮食品のトレーなどの食品用途で使用されています。

　先にも触れたように、97年3月の通商産業省（現在、経済産業省）による委託調査では「ポリスチレン」が諸文献で内分泌撹乱化学物質として指摘され、98年5月の環境庁（当時）による環境ホルモン戦略計画SPEED'98では、「スチレン2量体・3量体（ダイマー・トリマー）」が環境ホルモンの疑いがある物質としてリストアップされましたが、その後、スチレンダイマー・トリマーの環境ホルモン作用については、厚生省（現在、厚生労働省）と環境庁（当時）からあいついで「現時点（1999年）では安全と考えられる」と事実上の安全宣言が行われています。

　しかし、高濃度のスチレンを暴露している労働者を対象に行った海外の健康調査では、女性労働者に生理障害が起こったという報告もあり、厚生省（当時）の中間報告が行われた98年以降も学会や国際シンポジウム等で「影響はない」とする研究がある一方、「影響あり」とする研究も出ており、依然として対立した状態が続いています。

　1999年12月の環境ホルモン学会では、食品薬品安全センターの長尾哲二さんからは、「スチレンダイマー・トリマーをラットに与えて試験をしたところ、次の世代には生殖異常も行動異常もなかった」との報告が、また、日清食品中央研究所からも「スチレンダイマー、トリマー、モノマーについて、子宮の肥大、乳がん細胞の増殖など6項目を試験した結果、ホルモン阻害作用は全くなく、3物質は環境ホルモンといえない」との発表も行われました。

　これに対して、東海大学医学部の吉田貴孝さんらのグループは、「妊娠中と授乳期に1日あたり$0.1\mu g$と$1\mu g$のスチレンを投与したところ、スチレンを投与したラット群は学習能力が低いだけでなく、落ち着きのない傾向を示すことがわかった」と発表。

　さらに、東京都立衛生研究所からも「乳がん細胞由来の培養細胞（MCF7）を使ってスチレンダイマーとトリマーに増殖作用があるかどうか試験したところ、ノニルフェノールとほぼ同じぐらいのppm（100万分の1）のレベルで増殖することが分かった」との報告が行われています。

容器から溶け出る
スチレンダイマー、トリマー

　厚生省（当時）の検討会資料によれば、ポリスチレンの一般的な材質中には、スチレンモノマーが400～1000ppm、ダイマーが400～1000ppm、トリマーが2500～8000ppm程度存在するとされていますが、スチレンモノマーは、WHOの国際がん研究機関（IARC）の発がんランクで２Ｂ（人に対して発がんの可能性がある）に分類されている化学物質です。

　1997年秋「奪われし未来」の日本語版が出版された後の1998年３月、国立医薬品食品衛生研究所の河村葉子さんらによる溶出試験で、カップ麺容器から、環境ホルモンと疑われているスチレンダイマー・トリマーが溶出することがわかり、当時、カップ麺の国内生産量31億食のうち95％がポリスチレン製であったことから大きな社会問題になりました。

　これに対して（社）日本即席食品工業協会は、同年５月、新聞各紙に「カップめんの容器は環境ホルモン（スチレンダイマー・トリマー）など出しません」という全面広告まで行いましたが、業界の保身を前面に押し出したこの新聞広告は、かえって消費者の不信を買う結果となりました。

　さらに、その後、河村さんらの追加実験により、実際に食べる状態と同じ条件で、カップ麺容器に熱湯を注いでスチレンダイマー・トリマーの移行を測ったところ、麺やスープから５～62ppmのスチレントリマーが検出され

郵便はがき

お手数ですが
切手をお貼り
ください。

102-0072
東京都千代田区飯田橋3-2-5
㈱ 現 代 書 館
「読者通信」係 行

ご購入ありがとうございました。この「読者通信」は
今後の刊行計画の参考とさせていただきたく存じます。

ご購入書店・Webサイト			
	書店	都道 府県	市区 町村
ふりがな お名前			
〒 ご住所			
TEL			
Eメールアドレス			
ご購読の新聞・雑誌等			特になし
よくご覧になるWebサイト			特になし

上記をすべてご記入いただいた読者の方に、毎月抽選で
5名の方に図書券500円分をプレゼントいたします。

お買い上げいただいた書籍のタイトル

本書のご感想及び、今後お読みになりたいテーマがありましたらお書きください。

本書をお買い上げになった動機（複数回答可）
1. 新聞・雑誌広告（　　　　　　　）　2. 書評（　　　　　　　）
3. 人に勧められて　4. SNS　5. 小社HP　6. 小社DM
7. 実物を書店で見て　8. テーマに興味　9. 著者に興味
10. タイトルに興味　11. 資料として
12. その他（　　　　　　　　　　　　　　　　　　　　　）

ご記入いただいたご感想は「読者のご意見」として、新聞等の広告媒体や小社Twitter 等に匿名でご紹介させていただく場合がございます。
※不可の場合のみ「いいえ」に〇を付けてください。　　　　いいえ

小社書籍のご注文について（本を新たにご注文される場合のみ）
●下記の電話やFAX、小社HPでご注文を承ります。なお、お近くの書店でも取り寄せることが可能です。

TEL：03-3221-1321　FAX：03-3262-5906
http://www.gendaishokan.co.jp/

　　ご協力ありがとうございました。
　　なお、ご記入いただいたデータは小社からのご案内やプレ
　　ゼントをお送りする以外には絶対に使用いたしません。

たことで、ポリスチレン容器から実際の食品にスチレンダイマー・トリマーが溶け出ていることが証明されました。

また、2000年3月に発表された東京都立衛生研究所の「ポリスチレン製器具・容器等の実態調査」でも、アイスクリーム、生洋菓子、食品トレーなどの市販のポリスチレン容器すべてにスチレンダイマー・トリマーの残存が認められ、油性食品でスチレンダイマー・トリマーの溶出量が多くなることがわかりました。

さらに、これらの調査結果から、発泡ポリスチレンの場合、ポリスチレンビーズ発泡成形品（EPS：カップヌードルタイプのような縦型タイプのカップ麺容器）の方が、押し出し法シート成形品ポリスチレン（PSP：どんぶりタイプのカップ麺やトレー）よりもスチレンダイマー・トリマーの残存量、溶出量ともに少ないことも判明しました。

省庁の見解でスチレンダイマー、トリマーの環境ホルモン作用は否定されても、ポリスチレン容器からは、油分の多い食品、高温などの条件で、発がん性の明らかなスチレンモノマーも溶出しています。また、ポリスチレンを燃やすとベンゼン、スチレン、フェノールなどの有害ガスや悪臭物質が発生します。

お店に簡易包装を求めるなど、できるだけポリスチレン製容器の使用を減らし、より安全な代替素材への切り替えを進めましょう。

ビスフェノールA

ビスフェノールAは「環境ホルモン問題」のきっかけになった物質の一つで、人の乳がん細胞を用いた実験で2〜5ppmの濃度で細胞増殖作用を示すことが確認されています。

年間25万トン生産されているビスフェノールAは、ポリカーボネート、エポキシ樹脂、フェノール樹脂などの原料モノマーとして使用されているほか、塩ビ安定化助剤などの添加剤の原料になっています。

食品用プラスチックに使われるビスフェノールAは年間4千トンで、乳幼児用食器、学校給食の食器、はし、ほ乳瓶に使用されています。

また、ポリカーボネートは歯科材料としてテンポラリークラウン（仮歯）、レジン歯、義歯床などにも使用され、エポキシ樹脂は缶詰の内側コーティングにも利用されています。

食品衛生法に基づく規格基準では、ポリカーボネート製の器具・容器包装の規格基準として、材質試験で500ppm、溶出試験で2.5ppmと定められていますが、厚生省がこの溶出基準2.5ppm（2500ppb）を決める根拠としているのは、体重1キロあたり5万μgの投与で体重減少が起こったという動物実験です。

しかし、その実験の値の2万5000分の1のごく微量の投与で影響があったとする、米イリノイ大学のフォン・サール博士の研究報告をはじめ、最近、さらにごく微量のビスフェノールAで、生殖障害や脳神経へ影響があらわれるという試験結果が次々と発表され、米国立環境健康科学研究所（NIEHS）などでも毒性評価の見直しの動きが強まっています。

フォン・サール博士の試験結果は、体重1キロあたり2〜20μgの投与で、生まれてきた子どものマウスの前立腺が肥大し、性成熟も早まったというも

ので、この研究は科学雑誌『ネイチャー』にも採用されています。

　また、日本の国立環境研究所の試験結果も体重1キロあたり20μgの投与で精子の形成能力が低下するという結果でした。

　さらに、東大病院分院産婦人科の堤治さんらは、妊娠マウスから取りだした二細胞期の受精卵（初期胚）にビスフェノールAを加えて発育状態を調べた結果、極低濃度の3nM（約0.7ppb）では発育が促進された一方、10nM（約2.3ppb）～10μM（約2300ppb）では影響がなかったという、超微量暴露の方がかえって受精卵が影響を受けてしまうという研究結果と、実際の妊婦の血液、羊水、卵胞液中のビスフェノールAの濃度を検査した結果、妊娠前期の胎児は母体の5倍に濃縮されたビスフェノールAを含んだ羊水にさらされているという衝撃的な研究報告を行っています。

食器やほ乳瓶から溶出する
ビスフェノールA

　それでは、実際にプラスチックなどから溶出するビスフェノールAはどの程度なのでしょうか。

　97年9月と98年2月、子ども用ポリカーボネート製食器から食品衛生法の材質試験の基準値である500ppmを超える910〜960ppmのビスフェノールAが相次いで検出され、行政命令による回収が実施されましたが、厚生省（当時）の後の調査研究では、この原因は顔料として加えられた酸化金属が触媒作用を起こしたことによるのではないかと推測されています。

　また、ポリカーボネート製食器は丈夫で軽く、美しいことから学校給食でもたくさん利用されています。1998年5月の文部省（現在、文部科学省）調査では、学校給食のある公立小中学校3万909校のうち約40％にあたる1万2409校でポリカーボネート食器が使用されていました。

　これに対して、1998年に東京都が実施した「ポリカーボネート製給食器からの溶出実態調査」では、使用済みの給食器190個（皿、ボウル、汁わん、はし等）を95度のお湯に30分漬けてビスフェノールAの溶出を調べたところ、0.4〜120.4ppb（平均9.8ppb）の溶出が

確認されています。特に、「はし」からのビスフェノールAの溶出が高く5.9〜120.4ppb（平均39.6ppb）という結果でした。

また、東京都はポリカーボネート製ほ乳瓶からのビスフェノールAの溶出についても調査しており、95度30分の溶出条件で、ほ乳瓶からのビスフェノールAの溶出量は0.3〜132ppbという結果でした。また、溶出量はアルカリ性の食器洗浄機用強力洗浄剤や高速乾燥により増えることもわかりました。

これらの溶出量は現在、食品衛生法で規制する2500ppb（2.5ppm）よりもはるかに低い値ですが、今までの最低毒性量の2万5000分の1で影響があったとするフォン・サールの試験結果を当てはめれば、見過ごすことが出来る値とはいえません。

先の文部省（当時）の調査では、98年5月時点で、ポリカーボネート食器を使用していた39市町村では既に磁器製や木製などの食器に切り替えており、ポリカーボネート食器を使用している1686市町村のうち1割の168市町村でも他の材質への切り替えを表明していました。

これは、まず有害物質の影響を受けやすい子どもが使用するものから、有害物質を排除しようとする予防原則の立場に立った自治体の動きです。

基準がない！
ビスフェノールA溶出の盲点

さらに、ビスフェノールAの問題で見過ごせないのは、ポリカーボネート製の歯科材料、エポキシ樹脂や塩ビによる缶詰の内側コーティング、塩ビの安定剤からのビスフェノールAの溶出です。しかし、ビスフェノールAの基準が設けられているのはポリカーボネート製の食品容器・器具だけで、これら以外にはビスフェノールAについては、基準がありません。

ポリカーボネート製の
歯科材料からの溶出

ポリカーボネートは耐熱性、耐衝撃性に優れており、色素を加えることによって歯と類似の色調を得られることから、歯科材料としてテンポラリークラウン（仮歯）やレジン歯、矯正用ブラケット、義歯床などに広く用いられていますが、歯科材料には食品衛生法のような基準値さえ設定されていません。

星薬科大学の中澤浩之さんらが歯科材料中に残留しているビスフェノールAと人工唾液中に溶出するビスフェノールAの調査を行ったところ、テンポラリークラウンと矯正用ブラケットには6.4～274.8ppmのビスフェノールAが残存しており、人工唾液に6週間浸けておいたところ、ビスフェノールAは累積27.5～529.4ng／gも溶出していることがわかりました。

審美性、耐摩耗性、耐水性、接着性の強さから、ビスフェノールAを含む歯科材料は、現在、歯科材料として主に用いられていますが、暫時使用の成形修復材料には、ビスフェノールAの骨格を含まない即時重合レジンが、矯正用ブラケットには金属製やセラミック製ブラケットが、歯冠用材料には陶材やキャスタブルセラミックや金属が、義歯床用材料にはポリエーテルサルホンなどの代替材料があります。

エポキシ樹脂や塩ビ安定剤による缶の内側コーティングからの溶出

　金属缶は主にスチールかアルミでできていますが、金属の腐食防止と金属の溶出や食味の変化を防ぐため内面がコーティングされます。コーティングにはエポキシ樹脂、塩化ビニル樹脂、PET樹脂などが用いられますが、エポキシ樹脂の原料と塩ビ樹脂の安定剤にビスフェノールAが使用されています。

　国立医薬品食品衛生研究所の河村葉子さんらが缶入り飲料47種について飲料中のビスフェノールA濃度を調べたところ、コーヒー飲料で3.3〜213ppmと最も高く、ビスフェノールAの移行量は最大で1缶あたり40μgにものぼりました。また、コーティングの材質では、天蓋部（プルトップ面の内側）がエポキシ樹脂の缶よりも塩ビの缶の方が濃度が高く、天蓋部が同じ材質でコーティングされている場合には本体がPETよりもエポキシ樹脂コーティングの缶の方が濃度が高いという結果でした。

　さらに、1999年度、厚生省（当時）の科学研究による星薬科大学などによる「缶詰食品中のビスフェノールAの調査研究」では、野菜や肉・魚介等の缶詰72検体のうち47検体から、1缶あたり1〜22μgのビスフェノールAが検出されています。また、缶詰は飲料の缶に比べて対策が遅く、缶詰食品からのビスフェノールAの摂取が主要な暴露源になっているのではないかと指摘されています。

　これに対して、生活協同組合などを中心にビスフェノールAを溶出しない対策缶に切り替わりつつあります。一般商品についてもメーカーに対策の有無を尋ねるなど、積極的に切り替えを進めましょう。

　しかし、ビスフェノールAが原料であるエポキシ樹脂は、缶コーティングや木製はしの塗装など、食品用途で利用されているにもかかわらず、ポリカーボネート樹脂のようにビスフェノールAについての規格基準はありません。

塩ビ安定剤に使用される
ビスフェノールAの溶出問題

　先に紹介した国立医薬品食品衛生研究所の飲料缶からのビスフェノールAの移行に関する調査結果でも、天蓋部分（プルトップ面内側）にエポキシ樹脂がコーティングされた缶飲料より、塩ビ樹脂でコーティングされた缶の方がビスフェノールAの濃度が高いという結果でしたが、他の調査でも、ポリカボネートのように樹脂の原料として使用されるビスフェノールAよりも、塩ビ樹脂に安定剤として添加されビスフェノールAの方が溶出しやすいことが指摘されています。

　1998年、環境化学討論会で発表された国立環境研究所の「廃プラスチックからのビスフェノールAの溶出調査」では、廃プラスチックを常温の水に12～14日間浸けてビスフェノールAの溶出量を測ったところ、ポリカーボネートからの溶出量は1グラムあたり23.3ng、4.2ngだったところ、塩ビの電線コードは1980ng、合成皮革（材質は不明だが炎色反応により塩素の含有を確認したもの）は13万9000ng、9810ngと、はるかに高濃度のビスフェノールAを溶出しました。

　また、ビスフェノールAは安定剤として、キャラクター人形などの軟質塩ビのおもちゃにも使用され、溶出試験でも検出されています。現在、軟質塩ビのおもちゃは可塑剤をフタル酸エステル類からクエン酸類などに転換する動きが進んでいますが、分解しやすいクエン酸類などへの可塑剤の転換は、ビスフェノールAなどの安定剤の使用が増加するのではないかとも懸念されます。

　しかし、この塩ビに安定剤として使用されるビスフェノールAについても、ポリカーボネートのような個別の規格基準はありません。

プラスチック製品からのビスフェノールAの溶出

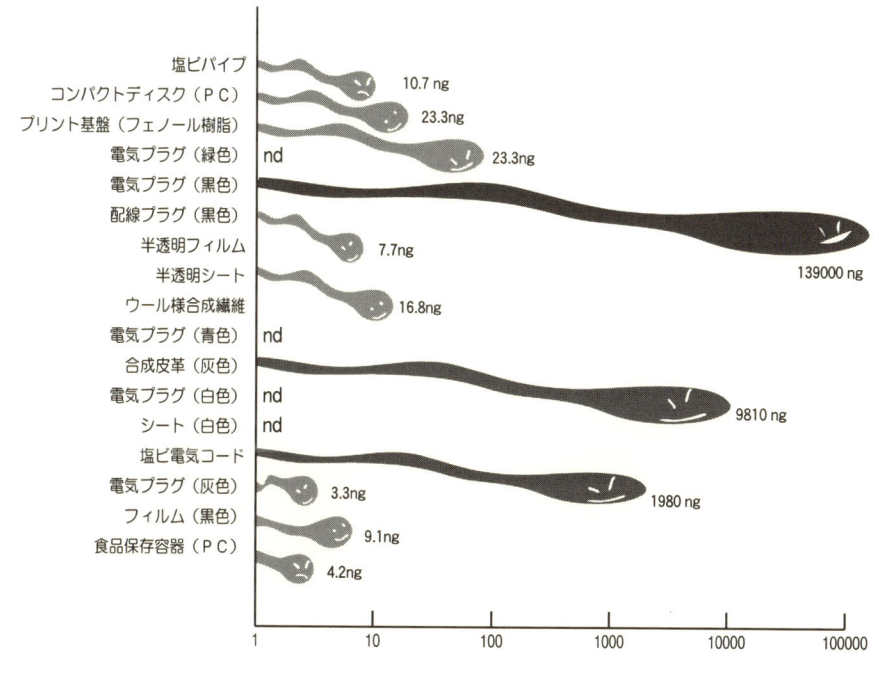

製品	溶出量
塩ビパイプ	10.7 ng
コンパクトディスク（ＰＣ）	23.3 ng
プリント基盤（フェノール樹脂）	23.3 ng
電気プラグ（緑色）	nd
電気プラグ（黒色）	139000 ng
配線プラグ（黒色）	7.7 ng
半透明フィルム	16.8 ng
半透明シート	
ウール様合成繊維	nd
電気プラグ（青色）	
合成皮革（灰色）	9810 ng
電気プラグ（白色）	nd
シート（白色）	nd
塩ビ電気コード	1980 ng
電気プラグ（灰色）	3.3 ng
フィルム（黒色）	9.1 ng
食品保存容器（ＰＣ）	4.2 ng

出典　「廃プラスチックからのビスフェノールＡの溶出」
　　　第７回環境化学討論会講演要旨集より

第６章　プラスチックと環境ホルモン

ノニルフェノール

　ノニルフェノールは、非イオン系の界面活性剤の原料としての用途が良く知られていますが、ノニルフェノールに内分泌撹乱作用があることは、プラスチックからの添加剤の溶出がきっかけで判明しました。

　アメリカのタフツ大学のアナ・ソト教授らは、人の乳がん細胞を使った実験をしていたところ、ある日突然、乳がん細胞の異常増殖に出くわし、原因究明の結果、ポリスチレン製の遠心分離用試験管から溶出するノニルフェノールが原因であることを突きとめました。

　ノニルフェノールは魚毒性も強く、ニジマスを用いた実験では卵黄タンパク質のビテロジェニン誘導活性が10ppbの低濃度で起こっています。

　また、ほ乳類を用いた実験では、大阪市立環境科学研究所の野田努さんにより、ラットに妊娠14日から生後6日までノニルフェノールを皮下投与したところ、200〜400mg／kgの投与で、生まれたメスの外性器の形態異常と卵巣重量の減少が確認されており、食品薬品安全センターの長尾哲二さんらも、1999年度の厚生科学研究で、ノニルフェノールの新生児期の暴露は、性腺の発達や成熟後のメスの生殖機能に影響を及ぼすことを明らかにしています。

　さらに、イギリスでは、高濃度のノニルフェノールを含む羊毛工場からの下水処理水の流入する河川で、オスのニジマスの血中から、メスが産出するビテロジェニンが高濃度で検出されていることからノニルフェノールが原因であると指摘されています。ビテロジェニンは、卵黄に含まれるタンパクで、正常なオスからはほとんど検出されませんが、内分泌撹乱物質などの女性ホルモン様物質によって合成が起こることが知られている卵黄たんぱく質です。

塩ビラップから溶出する
ノニルフェノール

ノニルフェノールは、年間約2万トン生産されており、非イオン系の界面活性剤の原料としても用途が最も多く、油溶性フェノール樹脂、プラスチックやゴム用の添加剤、可塑剤などの原料にも使われています。

1999年、市民団体の「環境ホルモン全国市民団体テーブル」が、塩化ビニル製ラップ12種、塩化ビニリデン製ラップ2種、ポリオレフィン製ラップ8種についてノニルフェノールの溶出を調べたところ、塩ビ製ラップ11種から190〜630ppmのノニルフェノールが溶出することがわかりました。

食品包装用ラップのノニルフェノール溶出値

	登録商標名	販売業者名称	原材料名	ノニルフェノール溶出量
業務用	ダイアラップG	三菱樹脂㈱	塩化ビニル樹脂	0.19
	ポリマラップ	信越ポリマー㈱	塩化ビニル樹脂	0.38
	デンカラップ新鮮	デンカポリマー㈱	塩化ビニル樹脂	0.32
	リケンラップ	理研ビニル工業㈱	塩化ビニル樹脂	0.31
	ダイヤラップスーパー	三菱樹脂㈱	ポリオレフィン樹脂	nd
	サランラップ	旭化成工業㈱	ポリ塩化ビニリデン	nd
	NEWクレラップ	呉羽化学工業㈱	ポリ塩化ビニリデン	nd
一般用	エコラップ	㈱サンシャインポリマー	ポリエチレン	nd
	ダイヤラップ	三菱樹脂㈱	塩化ビニル樹脂	nd
	ハイラップS	三井東圧プラテック㈱	塩化ビニル樹脂	0.52
	リケンラップ	理研ビニル工業㈱	塩化ビニル樹脂	0.30
	ポリマラップ	信越ポリマー㈱	塩化ビニル樹脂	0.34
	小皿ラップ	日立化成ファルテック㈱	塩化ビニル樹脂	0325
	スーパーラップ抗菌	オカモト㈱	塩化ビニル樹脂	0.63
	抗菌フードガードミニ	日立ボーデン（現日立化成ファルテック㈱）	塩化ビニル樹脂	0.24
	ヒタチラップ	日立化成ファルテック㈱	塩化ビニル樹脂	0.31
	レンジラップ	三菱アルミニウム㈱	ポリプロピレン、ナイロン	nd
	環境思い	オカモト㈱	ポリオレフィン樹脂	nd
	NEWビューラップ	日立化成ファルテック㈱	ポリオレフィン樹脂	nd
	おにぎり用ラップ	日立化成ファルテック㈱	ポリオレフィン樹脂	nd
	ハイラップPO	三井東圧プラテック㈱	ポリエチレン	nd
	ローズラップ	伊藤忠サンプラス㈱	ポリエチレン	nd

単位：マイクロg／ml（ppm）、検出限界0.05ppm、nd＝検出せず、溶出条件：溶剤（n－ヘプタン、25度）に60分
出典：『消費者リポート』（1071号より　1999年2月発表）

さらに、同団体の「ダイオキシン・ゼロ宣言 NO！ 塩ビキャンペーン」は同年11月、実際の状態を想定して、塩ビ製ラップで包んで温めたおにぎりとコロッケ中のノニルフェノールを調べたところ、ノニルフェノールが500〜2800ppbという高濃度で検出されました。

　同キャンペーンでは、製造メーカーにノニルフェノールの原因究明を求め、材質転換を要望しましたが、業界団体の日本ビニル工業会ストレッチフイルム部会は「ノニルフェノールは添加していない。安定剤が分解してノニルフェノールが生成したのでは……」と答えるだけで、添加している安定剤名も明らかにしませんでした。

　しかし、他の研究論文や塩ビ食品衛生協議会のポジティブリストなどから安定剤として添加されたトリスノニルフェニルフォスファイト（TNP）が熱成形の過程で分解してノニルフェノールが生成したことが推定されました。TNPは、塩ビの安定化助剤や一般のプラスチックのリン系酸化防止剤として配合されます。

　2000年2月以降、業界団体は、ノニルフェノールを生成させない物質に添加剤を変更したことを発表しましたが、その後も、同キャンペーンや東京都の調査により、ノニルフェノールが溶出する塩化ビニル製ラップが確認されています。

　また、塩ビ、ポリエチレン、ポリプロピレン、ポリスチレン等の食品容器包装材のプラスチック添加剤のポジティブリストには、ノニフェノールを生成する非イオン系の界面活性剤のポリオキシエチレンアルキルフェニルエーテル（POEP）が使用することができる添加剤としてリストアップされています。

プラスチックに添加される
フェノール系酸化防止剤

　さらに、アナ・ソト教授らはプラスチックに添加されるフェノール系酸化防止剤関連物質の女性ホルモン作用を調べたところ、4-エチルフェノール、4-プロピルフェノール、4-t-ブチルフェノール、4-イソペンチルフェノール、4-t-ペンチルフェノール、5-オクチルフェノール、4-t-ブチルヒドロキシアニソール（BHA）などのアルキルフェノール類にも内分撹乱作用があることが判明しました。

ノニルフェノールによる環境汚染

　「プラスチックに使用される環境ホルモン物質は、PCBやDDTなどのようなPOPsにも指定されている有害物質に比べて、内分泌撹乱作用も弱く、毒性も残留性もはるかに少ない」と、化学業界は、良くこういう説明をします。

　しかし、既に有害性が判明し、以前から禁止されている物質に比べ、ノニルフェノールなどの環境ホルモン物質は、現在も使用量が多く、水質や底質など一般環境を広く汚染しています。

　資源環境技術総合研究所と米国立食品安全毒性センターの「東京湾底質中のノニルフェノールの分布」調査でも、PCBや多環芳香族炭化水素が1980年代をピークに減少している一方、ノニルフェノールの堆積量は増加し続けています。

　ヨーロッパでは、2000年までにノニルフェノールを分解生成させるノニルフェノールエトキシレート洗浄剤の段階的廃止を実施し、1リットルあたり1マイクログラムを規制の目安と考えていますが、環境庁（当時）平成10年度「環境ホルモン緊急全国調査」では、河川、湖沼、地下水、海域全体の56～76％の一般水域からノニルフェノールが検出されており、最高値は21マイクログラムでした。

　ノニルフェノールは、この環境庁（当時）の全国一斉調査の結果と、内分泌撹乱作用が疑われる最低濃度との間の差が少なく、内分泌撹乱作用に関する文献が多くみられることから、2000年7月、優先してリスク評価すべき物質として選定されています。

第6章　プラスチックと環境ホルモン

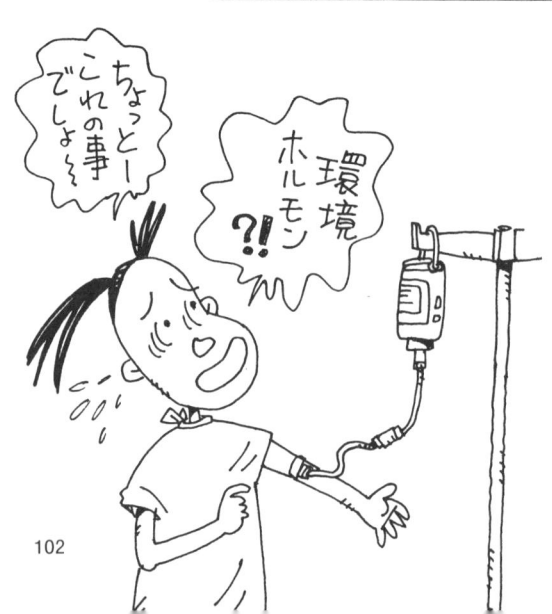

フタル酸エステル類

フタル酸エステル類は、主に塩ビを軟らかくするための可塑剤に使用されています。

水道管や卵パックのように本来、硬い塩ビを、フィルム、合成皮革、塩ビ壁紙、玩具などのような軟質塩ビにするために、多い時で40〜60％（重量比）もの大量の可塑剤が加えられます。

年間47万トン（2000年）生産されている可塑剤のうち、8割以上の40万トンがフタル酸エステル類で占められていますが、その他にもアジピン酸系、リン酸系、エポキシ系、ポリエステル系などの可塑剤があります。

フタル酸エステル類の中でも最も生産量が多いのがフタル酸ジエチルヘキシル（DEHP）で、年間25万トンが生産され、フタル酸系の中では6割（全可塑剤中でも5割）を占めています。

DEHPは動物実験により、肝臓への影響や精巣毒性や生殖毒性などが確かめられていますが、このDEHPをはじめ、フタル酸ブチルベンジル（BBP）、フタル酸ジブチル（DBP）、フタル酸ジシクロヘキシル（DCHP）、フタル酸ジエチル（DEP）等のフタル酸エステル類と、アジピン酸ジエチルヘキシル（DEHA）は、1998年5月、環境庁（当時）リストで環境ホルモンの疑いのある67物質としてリストアップされ、さらに2000年7月、10月、2001年3月の検討会でを優先してリスク評価すべき12物質としても選定されています。

2001年6月30日付『朝日新聞』夕刊より

点滴管から環境ホルモン 体への影響調査へ 厚生労働省

厚生労働省は、塩化ビニル製の点滴用チューブなどから、内分泌かく乱化学物質（環境ホルモン）のひとつ、フタル酸ジエチルヘキシル（DEHP）が溶けだして血中に取り込まれ、健康に影響を与える恐れがあるとして、今年度から溶出試験に着手することを決めた。研究班を設置し、3年がかりで調べる。

医療用具には、柔軟性などに優れた塩化ビニルが広く使われている。点滴用チューブや輸液バッグは特殊なものを除いてほぼ塩ビ製。樹脂を軟かくするためにDEHPが添加されている。チューブのDEHPは、薬剤中に含まれるヒマシ油、レシチンなどの可溶化剤と反応し溶け出すとされる。例えば、免…

塩ビ可塑剤とその毒性

	可塑剤	用途	毒性
フタル酸エステル系	DEHP（フタル酸ジエチルヘキシル）	電線被覆、壁紙、床材、農業用ビニル、シート、レザー（合成皮革）、可塑剤全体の6割以上を占める	精巣の傷害、環境ホルモンの疑い
	DINP（フタル酸ジイソノニル）	電線被覆、壁紙、玩具	肝臓腎臓の重量増加
	DBP（フタル酸ジブチル）	ラッカー、接着剤、塗料、印刷インキ	発ガン性、環境ホルモンの疑い、新生児の体重減少
	DIDP（フタル酸ジイソデシル）	耐熱電線被膜、レザー	肝臓腎臓の重量増加
	DHP（フタル酸ジヘキシル）	レザー、ホース、ペースト	
	DNP（フタル酸ジノニル）	電線被覆、建材	
	DEP（フタル酸ジエチル）	接着剤、塗料	環境ホルモンの疑い
	BBP（フタル酸ブチルベンジル）	床壁用タイル、塗料、ペースト、レザー	環境ホルモンの疑い、精子数の減少
アジピン酸	アジピン酸エステル系（脂肪族多塩基酸エステル）＝DEHA（アジピン酸ジエチルヘキシル）	ホース、手袋、おもちゃ	環境ホルモンの疑い
	DINA（アジピン酸ジイソノニル）	ラップ	

諸外国のDEHPの耐容一日摂取量

国名	TDI（μg/kg/day）	体重50kgの大人/一日
日本	40〜140	2000〜7000μg
EU	37	1850μg
イギリス	50	2500μg
デンマーク	5	250μg

DEHPのTDI（耐容一日摂取量）

環境庁（当時）の調査では、人のへその緒中からもDEHPが3.8〜160μg/g（脂肪あたり）、DBPが6.4〜48μg/gという超高濃度で検出されています。

また、厚生省（当時）は2000年6月、DEHPの精巣毒性と生殖毒性をもとにDEHPのTDI（耐容一日摂取量）を提案しました。

1日あたり体重1kgあたり40〜140μgという日本のTDIは、EUやデンマークのTDIより緩い値になっています。

TDI（耐容一日摂取量）とは、一日にこれ以上摂取するのは、安全上問題という「有害物質の摂取限度量」をいいます。

アジピン酸ジエチルヘキシル（DEHA）

アジピン酸ジエチルヘキシルは年間約2万5000トン生産されており、耐寒性があり主にスーパーの生鮮食料品の包装に使われる塩ビラップや塩ビレザー（合成皮革）の可塑剤として使用されています。

動物実験の結果、雄性不妊作用や早期胎児死亡数の増加などの生殖毒性が認められた結果、環境省により2001年4月、優先してリスク評価すべき物質として選定されました。

フタル酸エステルの食品汚染

1996年の塩ビ食品衛生協議会の調べでは食品用途で使用される塩ビ樹脂11万トンのうちフタル酸ジエチルヘキシルを使用した軟質塩ビは4万トンとされています。

可塑剤は塩ビにしっかりと化合するかたちで存在しておらず、混合された状態で含まれているため、遊離・揮散しやすく容易に環境中に放出されることから、牛乳、バター、マヨネーズなどの実際の食品から高濃度のフタル酸エステル類が検出されています。厚生省の調査でもプラスチック容器入り食品等を分析したところDEHPが一般的に、およそ10〜100ppbの濃度で含まれていることが報告されています。

日本におけるフタル酸エステル類の汚染の実態

土壌	DBP(ppb)	DOP(ppb)
有機質水田	0〜71	51〜120
ハウス土壌	720	410

食品 (北海道)	DBP+DOP(ppb)	平均(ppb)
牛乳	0.12〜0.87	0.31
バター	4.82〜4.44	8.84
マヨネーズ	2.91〜43.0	3.70
和菓子	0.30〜0.97	0.57

出典 『化学』（98年7月号：片瀬隆雄氏より）

塩ビ手ぶくろからの食品汚染

　このような食品のフタル酸エステル類汚染の原因の一つには、容器包装材や調理器具からの汚染が指摘されていますが、特に塩ビ手ぶくろには、可塑剤としてDEHPが24〜38％も添加されていることから、調理用塩ビ手ぶくろからの食品へのフタル酸エステル類の汚染が疑われていました。

　2000年6月14日、国立医薬品食品衛生研究所大阪支所は、厚生省（当時）の食品衛生調査会に、塩ビ手ぶくろを使用している病院食から最高4400ng／gという極端に高濃度のDEHPを検出したという調査結果や、市販（コンビニ）弁当10検体からDEHPが803〜8930ng／g（平均4420ng／g）の高濃度で検出されたという研究結果を報告しました。これに対して塩ビ手ぶくろを使用していない定食10検体のDEHP濃度は12〜304ng／g、（平均68ng／g）という低濃度でした。この市販弁当の調査では、3種の弁当が1食食べただけでEUのDEHPの耐容一日摂取量（TDI）を超える量を摂取してしまうことがわかり、食品衛生調査会毒性・器具容器包装合同部会は同日、DEHP（フタル酸ジエチルヘキシル）を含有する塩化ビニル製手ぶくろの食品への使用を自粛するよう食品関連団体に通知しました。

　さらに、合同部会に提出されたコンビニ弁当に関する他の調査からも、塩ビ手ぶくろに消毒用アルコールを吹き付けることによってDEHPの溶出が格段に増えることもわかりました。製造メーカーは可塑剤の切り替えを進めていますが、100円ショップやドラッグストアなどでは可塑剤名が不明な塩ビ製手ぶくろがまだまだ販売されているのが現状です。

乳幼児用レトルト食品からも TDIを超えるDEHPを検出

　また、この厚生省（当時）の調査では、乳幼児用のレトルト食品からも5991ng／gの高濃度のDEHPを検出しました。製造業者が原因を調べたところ、材料移送の段階で塩ビ製の配管を使用しており、油性の食品を80度程度の高温で配管を通過させることにより、高濃度のDEHP汚染が起こることがわかりました。このように様々な食品製造工程で使用される塩ビ資機材がまだまだ食品のフタル酸エステル汚染の盲点となっていることが考えられます。

　2001年7月、厚生労働省は、油脂、脂肪性食品の器具・容器包装にDEHPを含有する塩ビ製品を使用してはならないとする規制案を打ち出しました。

ビン詰めキャップシーリング材 からの溶出

　ビン飲料やビン詰めのキャップの内側部分のシーリング材には軟質塩ビが使用されてることが多く、1992年にも、ロシア産のウオッカ「ストリチナヤ」から3ppmを超すDBP（フタル酸ジブチル）が検出され、厚生省（当時）が販売禁止措置を行ったこともあります。

　さらに1999年度、厚生省（当時）の科学研究として行った「ビン詰め食品のキャップシーリング材の内分泌撹乱化学物質に関する研究」によれば、国産品、輸入品あわせた50検体中約50％のキャップから1.0～620ppmの範囲で可塑剤が検出され、シーリング材の接触面にあたる食品中のDEHP濃度は15.2～216ppmという高濃度で、脂質の多い食品ほど可塑剤が高濃度で検出されました。

　塩ビ製の手ぶくろだけではなく、食品が直に接する食品用器具、容器包装材全体で塩ビ使用を見直す必要があります。

フタル酸エステル類が高濃度で溶出する塩ビ製おもちゃ

　軟質塩ビ製のおもちゃには、DEHP（フタル酸ジエチルヘキシル）やDINP（フタル酸ジイソノニル）等の可塑剤が大量に使用されています。「環境ホルモン全国市民団体テーブル　ダイオキシン・ゼロ宣言NO！塩ビキャンペーン」が2000年2月に実施した調査では、リカちゃん、ウルトラマン人形、キティちゃんのボール、アンパンマンのパンチングなどの人気商品にDEHPがND～15％、DINPがND～31％も含まれていました。

　その後、大手メーカーは可塑剤の切り替えを進め、2001年3月に実施した調査（表示調べ）では、リカちゃん、ウルトラマン人形は、可塑剤をフタル酸類から他の可塑剤へ転換していました。

東京都、おもちゃ製造メーカー、販売業者に材質の切り替えの必要性を指摘

　2000年10月13日に開催された「東京都内分泌かく乱化学物質専門家会議」では、塩ビ製おもちゃ22検体中21検体から、フタル酸エステル類が最高52％検出し、さらに、塩ビ製おもちゃ9検体からノニルフェノールを、ポリカーボネート製おしゃぶり1検体と塩ビ製おもちゃ7検体からビスフェノールAを東京都の調査で検出したことが報告されました。

　これに対して、専門家会議の堤治委員（東大医）からは「内分泌かく乱物質によって若齢者の性成熟が早まることは、人間でもわかっている。TDIは毒性量から考えられており、今、問題になっている内分泌かく乱作用は低投与量から見直す必要がある」と、安全の立場に立った意見が出され、東京都はおもちゃ製造メーカーや販売業者に対して材質の切り替えの必要性を指摘したコメントを発表しました。

厚生省（当時）調査研究からの警告

一方、厚生省（当時）は、1998年から塩ビおもちゃに関して「乳児のMOUTHING行動の実態調査」や「ポリ塩化ビニル製玩具からのフタル酸エステルの溶出試験方法の検討」等、いくつもの調査研究をすすめています。

国立小児医療センター、谷村雅子さんらによる「乳児のMOUTHING行動の実態調査」では、ビデオ撮影と母親の観察記録により、赤ちゃんが、起きて食事以外のものを口に入れている時間（MOUTHING時間）を調査しています。それによると生後3〜12カ月の日本の赤ちゃんのMOUTHING時間は平均180±87分で、活動時間の3分の1もの間、口にモノを入れていることがわかりました。

また、生後3〜5カ月は、主に口に入れるのは指やおしゃぶりだったのに対して、6〜12カ月になると、口に入れる物も玩具ではおしゃぶり以外のものが多くなり、おもちゃ以外では家庭内雑貨のプラスチック製品を口に入れることが多くなっていることがわかりました。

また、国立医薬品食品衛生研究所の山田隆さんらによる「ヒトのchewingによる玩具から唾液へのフタル酸エステルの溶出－移行」の研究では、のべ54人の被験者によって実際に乳幼児が塩ビ製品から摂取するフタル酸エステル類の量を推定しています。

その結果、DINPを58％含有する塩ビおもちゃから乳児が一日に摂取する量を試算したところ、平均時間で78.4μg、最大時間で608.2μgものDINPを摂取するという結果になりました。さらに、この試験ではDEHPを31％含有するソフト人形から平均32.6±11.5μg／hrものDEHPが唾液へ溶出することも試算されています。

このように、日本でも、塩ビおもちゃについて詳細な調査研究が実施され、塩ビのおもちゃに15〜60％ほどの大量のフタル酸エステル類が含まれていることや、乳幼児が塩ビおもちゃからかなりの量のフタル酸エステル類を摂取していることが判明していながら、厚生労働省は、2001年7月まで重い腰をなかなかあげませんでした。

乳児のMOUTHING時間

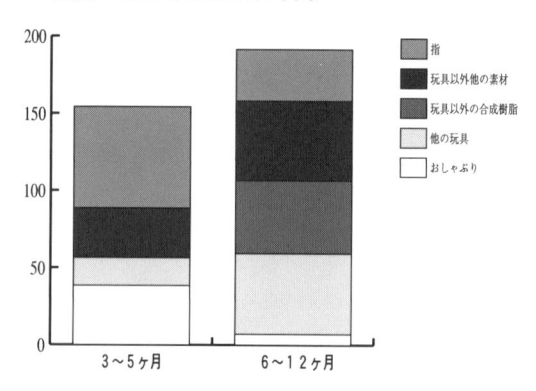

出典　厚生省科学研究（1998年）
　　　おもちゃからのフタル酸エステルの溶出に関する調査研究

フタル酸ジイソノニル（DINP）

　DINPは年間生産量約11万トンで、建材やおもちゃやなどに使用され、近年販売量を伸ばし、DEHPに次ぐ可塑剤になっています。DINPは100以上の異性体で構成されている可塑剤で、その特徴がまだ解明されていな物質ですが、研究結果によれば肝臓と腎臓の障害、細胞系の変質、生殖系への影響などが報告されています。EU（欧州連合）ではDINPを含めたフタル酸エステル類6種を使用した塩ビおもちゃの規制を開始しています。

海外の塩ビおもちゃの規制の動き

　EU（欧州連合）をはじめ多くの国々では、予防原則の考えに基づいて、子ども向けの塩ビおもちゃや、おもちゃに添加されるフタル酸エステル類の規制を進めています。2001年4月時点で、塩ビのおもちゃの禁止措置などを行っている国は22カ国にのぼっており、この中には、ヨーロッパだけでなくチュニジアやメキシコなども含まれています。

　さらに、1998年12月、米国消費者製品安全委員会（CPSC）が、産業界や小売業者に対して、製造や販売を自主的に止めるよう要請するなど、カナダやフィリピンなど5カ国でも、国の政府機関が、産業界に対して勧告を行っています。

　日本では、2001年7月、厚生労働省が、「乳幼児が口に接触することを目的とするおもちゃの製造には、DEHPとDINPを含有する塩化ビニルを使用してはならない。プラスチック製のおもちゃの製造には、DEHPを含有する塩化ビニルを使用してはならない」という規制案をまとめました。

　しかし、規制対象物質が限定されていることから、他の代替有害化学物質への曝露が増える心配があります。こうした懸念から欧州では、頻繁に使われるフタル酸エステル類6種類を規制しています。塩ビは多種多様な添加剤を必要とし、添加剤の溶出が避けられません。乳幼児のおもちゃには塩ビを使用すべきではありません。

医療器具に使用される
フタル酸エステル

　医療の分野では、医療用手ぶくろ、チューブ、カテーテル、人工透析、血液回路、輸血バッグなど、使い捨て（ディスポーザブル）の器具を中心に塩ビ製品が広く使用されています。この塩ビ製品は、医療系廃棄物焼却で高濃度のダイオキシンを発生させるばかりでなく、可塑剤の溶出による体内汚染を招いています。

　フタル酸エステル類の安全性に対する懸念は、1970年代にベトナム戦争で導入された塩ビ製輸血用バックの使用により「ショック症状」を引き起こした事例に始まります。

　当時も可塑剤に使用されていたフタル酸エステルの溶出が原因ではないかと疑われましたが、結局は米国FDA（食品医薬品局）が「問題なし」との判断をくだしました。

　しかし、その後も血液透析中に塩ビ製チューブからのDEHPが溶出していること等の報告が行われ、アメリカで

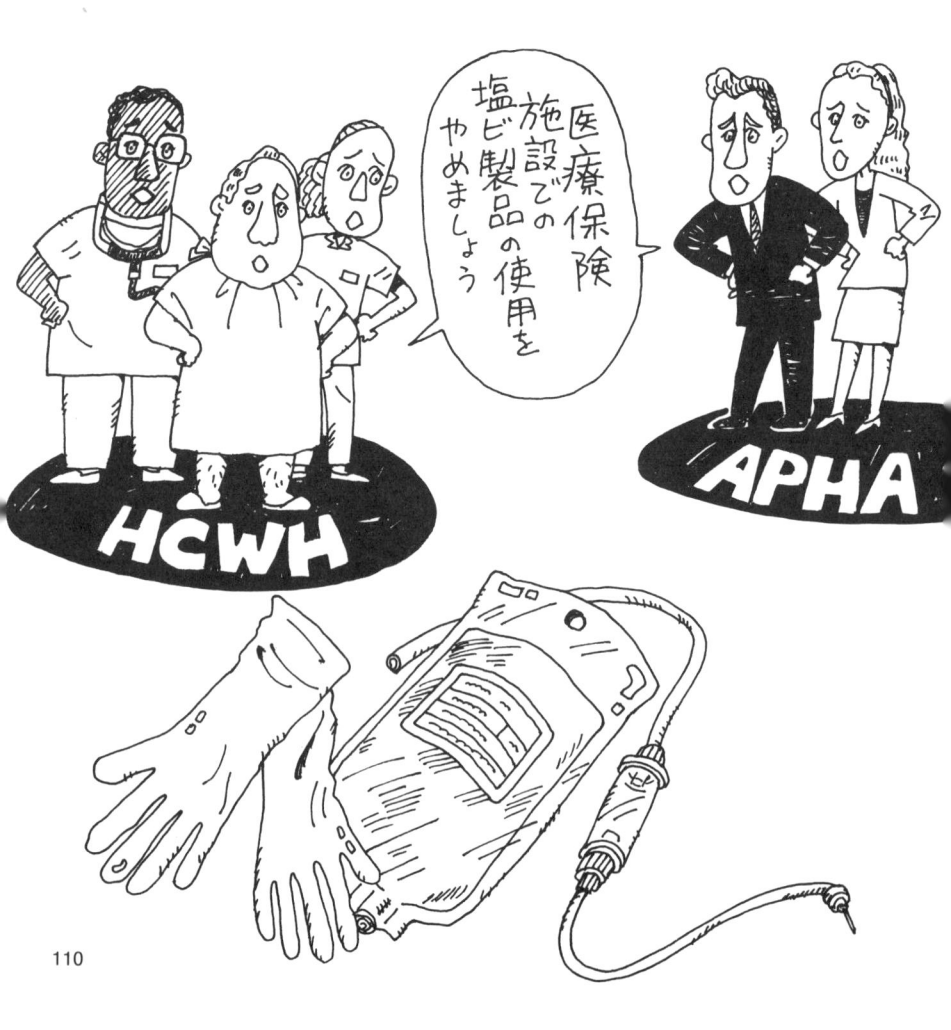

は医師、看護婦、患者、科学者、環境保護運動家などによるHCWH（害のない保健医療）や公衆衛生分野に携わる人々の全米最大の協会APHA（全米公衆衛生協会）などの団体が医療保険施設での塩ビ使用の廃止キャンペーンを行っています。

さらに、2000年10月、米国立環境健康科学研究所（NIEHS）と国立毒性学プログラムは、「問題を抱えて生まれた新生児への投薬・点滴・呼吸の補助などに使われている塩ビ製医療用チューブや医療器具に含まれるDEHPに『深刻な関心』」を表明。「一般人が曝露している量よりずっと多量にDEHPを取り込む可能性があり、男子の生殖器官の発達に影響を与える可能性がある」とのコメントを発表しました。

日本でも、山形大学医学部付属病院などでは、塩ビ製輸液セットから抗がん剤等の薬液への可塑剤の溶出を調査した結果、最大約41mgもの大量のDEHPが溶け出すことが判明したことから、小児科病棟での塩ビ製輸液セットの使用を中止しています。

第6章　プラスチックと環境ホルモン

医療器具、医薬品包装の脱塩ビの取り組み

会社名	住所	電話番号
テルモ株式会社	東京都渋谷区幡ヶ谷 2-44-1	03-3374-8111
ニプロ株式会社 （旧株式会社ニッショー）	東京都文京区本郷 4-3-4	03-5684-5611
日本シャーウッド株式会社	東京都渋谷区千駄ヶ谷 5-27-7-7F	03-5802-8971
バクスター株式会社	東京都千代田区六番町 2-8	03-5213-5700
ビー・ブラウンジャパン株式会社	東京都文京区本郷 2-38-16	03-3811-8401
メディキット株式会社	東京都文京区湯島 1-13-2	03-3839-0201
株式会社 メディコン	大阪市中央区平野町 2-5-8 平野町センチュリービル 8 F	06-6203-6560
川澄化学工業株式会社	東京都品川区南大井 3-28-15	03-3763-1155
株式会社ジェイ・エム・エス（JMS）	広島市中区加古町 12-17	082-243-5806
ジョンソン・エンド・ジョンソン株式会社	東京都江東区東陽 6-3-2 イースト 21 タワー	03-5632-7200
アイ・エム・アイ株式会社（IMI CO,LTD）	埼玉県越谷市流通団地 3-3-12	0489-88-4468 営業グループ
日本光電工業 株式会社	東京都新宿区西落合 1-31-4	03(5996)800
株式会社 東機貿	東京都港区品川区東麻布 2-3-4	03-3586-1421
株式会社メディコスヒラタ	大阪市北区堂島 3-3-18	06-6451-1077
日本メディコ株式会社	名古屋市名東区一社 1 -87	03-3816-3367（東京営業所）
アロウ ジャパン株式会社	東京都豊島区北大塚 3-16-3 ナガオカビル	03-5974-1701
株式会社 トップ	東京都足立区千住中居町 19-10	03-3882-3101
株式会社ホギメディカル	東京都文京区湯島 1-12-4	03-3833-1541

* HSBR（水素添加スチレン・ブタジエン・ラバー）、 * PP（ポリプロピレン）、
* PE（ポリエチレン）

2001年,5月 作成

ホームページアドレス	代替製品 → 塩ビからの代替素材
http://www.terumo.co.jp	輸液セット →ポリブタジエン
	延長チューブ→ PE
	中心静脈用カテーテル→熱可塑性エラストマー
	留置針 →ポリウレタン
	膀胱留置用カテーテル→熱可塑性エラストマー
	腹膜透析バッグ→ PP
	医療用手袋→ニトリルゴム
http://www.nipro.co.jp/	輸液セット → PE/シリコン
	延長チューブ→ PE
	中心静脈用カテーテル→ポリウレタン、シリコン
http://www.sherwood.co.jp/	中心静脈用カテーテル→ポリウレタン
http://www.baxter.co.jp/	中心静脈用カテーテル→ポリウレタン
http://www.bbraun.com/	輸液セット → PP＋スチレン
	中心静脈用カテーテル→ポリウレタン
	留置針 →ポリウレタン/ポリエーテルブロックアミド
http://www.medikit.co.jp/	中心静脈用カテーテル→シリコン
http://www.medicon.co.jp/	中心静脈用カテーテル→シリコン
http://www.kawasumi.co.jp/	中心静脈用カテーテル→シリコン
	延長チューブ→ PE
http://www.hello-jms.co.jp/	輸液セット → HSBR、ポリブタジエン、
	延長チューブ→ PE
	中心静脈用カテーテル→ポリウレタン
	医療用手袋→ニトリルゴム
http://www.jnj.co.jp/profile.html	留置針 →ポリウレタン
http://www.mmjp.or.jp/IMI/	延長チューブ→ PE
http://www.kohden.co.jp/	輸液セット → PE/シリコン
http://www.tokibo.co.jp/	輸液セット → PE/シリコン
http://www.medicos-hirata.co.jp	中心静脈用カテーテル→シリコン、ポリウレタン
http://www.medico.co.jp/	輸液セット → PE
	中心静脈用カテーテルセット→ポリウレタン製
	延長チューブ→ PE
http://www.hogy.co.jp/	中心静脈用カテーテルセット→ポリウレタン製

野外濃度の30倍、自動車内のフタル酸エステル類汚染

また、フタル酸エステル類はごく微量でも健康被害を及ぼす化学物質過敏症の原因物質にもあげられ、厚生省(当時)のシックハウス(室内空気汚染)問題検討会でも、フタル酸エステル類は対象物質となりました。

2000年8月、東京都衛生局が発表した「室内環境中の内分泌かく乱化学物質の実態調査」結果によれば、室内の空気から、フタル酸エステル類6種類全てが検出され、外気濃度の平均値との比は、フタル酸ジ-n-ブチル(DBP)が9.7倍(室内569.8ng/m^3、外気68.0ng/m^3)、フタル酸ジエチル(DEP)が8.8倍(室内86.9ng/m^3、外気9.9ng/m^3)、フタル酸ジ-2-エチルヘキシル(DEHP)が4.5倍(室内216.0ng/m^3、外気47.8ng/m^3)と、室内空気の方が外気よりフタル酸エステル類の濃度が何倍も高いことがわかりました。

さらに、自動車の車内空気からはもっと高濃度のフタル酸エステル類が検出されています。

1999年度の厚生省(当時)の科学研究「大気中のプラスチック可塑剤の実態調査」によれば、屋外、屋内、駐車中の自動車内空気の濃度の実態を調査したところ、屋内のプラスチック可塑剤は、野外濃度より高く、さらに夏期の55度以上となる駐車中の車内では検出される可塑剤が種類も量も多く、特にDnBPとDEHPは屋外濃度の30倍以上の数千ng/m^3レベルで検出されました。

自動車車内には天井シート、座席シートをはじめ、幅広い用途で軟質塩ビ製品が使われています。例えば、昭和40年代、日産サニーに300mほど使用されていた塩ビ被覆の自動車用電線は、現在、3000mも使われているといわれています。自動車の非塩ビ化は少しずつ始まっていますが、車内以外でも、ケミカルシューズ量販店や、ビニールハウス室内、塩ビ製品工場、プラスチックリサイクル工場等の室内汚染も懸念されます。

これに対して2001年4月、厚生労働省はDEHPの室内濃度の指針値を120μg/m^3(7.6ppb)とするガイドライン案を打ちだしていますが、これはあまりに高すぎます。

第6章 プラスチックと環境ホルモン

クエン酸エステル類

　クエン酸エステル類は、フタル酸エステル類などに代わって、より安全な可塑剤として塩化ビニリデンラップ、塩ビおもちゃ、医療用具に使用されてきています。

　製造メーカーからのATBC（アセチルトリブチルクエン酸）の安全性データシート（MSDS）でも、現在のところ顕著な毒性は認めれていません。

　しかし、可塑剤をATBCに代えても軟質塩ビからは可塑剤や安定剤等の化学物質が、大量に溶出することには変わりありません。

　日本国内でフタル酸エステル類の代替可塑剤として使用されているトリブチルクエン酸やアジピン酸エステルは、すでに塩ビ製おもちゃのフタル酸エステル類の規制を導入したEUの科学委員会の公式文書では、「代替可塑剤として推奨できない」との見解が示されています。

　このように、大量の可塑剤を容易に環境中に放出してしまう軟質塩ビは、食品用途、おもちゃ、文具、医療器具、車内・室内部品などから早急に、塩ビ代替をはかっていく必要があります。

第7章
プラスチックの安全性と法律

このように、プラスチックには環境ホルモン物質をはじめ、様々な毒性が疑われる化学物質が原料や添加剤として使用されていますが、どのような法律により安全性が保たれているのでしょうか。

プラスチックの添加剤に使用される化学物質は、製造過程や輸送過程で労働者の安全を守るために、労働安全衛生法、消防法、毒物劇物取締法等で規制や管理が行われています。

しかし、プラスチック製品を使用する際にプラスチック添加剤を規制している法律は食品衛生法だけです。

食品衛生法

食品が直に接する食品用プラスチック容器包装材や器具、乳幼児が直に口に入れる可能性があるおもちゃは、1947年に制定された食品衛生法によって基準が定められています。

プラスチック製の食品容器・器具

プラスチック製の食品容器・器具は、食品衛生法の第7条、第10条の規定に基づく（昭和34年厚生省告示第370号）告示で「規格基準」が定められています。

食品用プラスチック容器や器具の「材質試験」は、プラスチック製品の中に残存する物質の種類と基準を定めたもので、全てのプラスチック製容器・器具にカドミウム、鉛が検出しないことが定められています。

材質別の規格として材質試験が定められているものは、ポリ塩化ビニル（PVC）中のジブチルスズ化合物およびクレゾールリン酸エステルの残存率、ポリ塩化ビニリデン（PVDC）中のバリウムとポリ塩化ビニリデンの残存率、ポリカーボネート（PC）中のビスフェノールA、ジフェニルカーボネート、アミン類の残存率程度です。

「溶出試験」はプラスチック製品から溶けだして食品に移行する量に対する基準です。一般規格として、すべてのプラスチック製品を対象に、重金属が1ppm（鉛として）、有機物の溶出量の目安としての過マンガン酸カリウム消費量が10ppm以下と定められています。

さらに、塩ビ、ポリエチレン、ポリプロピレン、ポリスチレン、PETなど12種のプラスチックを対象に蒸発残留物やプラスチック原料の未反応物質や添加剤の分解生成物であるフェノールやホルムアルデヒドなどの溶出基準が設けられていますが、対象となる物質やプラスチックは非常に限られています。

また、この際の浸出条件は、食品の種類や分析対象となる物質によって、60度の水で30分間（pH5を超える食品）、60度の4.％酢酸で30分間（pH5以下の食品）、60度の20％エタノールで30分間（酒類）、25度のn-ヘプタンで1時間（油脂及び脂肪性食品）などの条件が設定されています。

食品衛生法でのプラスチックの規制　2001年9月1日現在

原材料	材質試験	溶出試験
一般規格 全てのプラスチック	カドミウム：100ppm以下、鉛：100ppm以下	重金属1ppm以下（Pbとして）、過マンガン酸カリウム消費量10ppm以下 着色料 ＊着色料については、食品容器・器具ほおもちゃも、食品添加物に指定された着色料が使用できることになっていますが、溶出しない場合は他の着色料を使用していいことになっています。

原材料（個別規格）	材質試験	溶出試験
ホルムアルデヒドを製造原料とするもの（メラミン樹脂など）		フェノール　陰性、ホルムアルデヒド　陰性 蒸発残留物　30ppm以下（4%酢酸）
ポリ塩化ビニル（PVC）を製造原料とするもの	ジブチルスズ化合物　50ppm以下　クレゾールリン酸エステル 1000ppm以下、塩化ビニル　1ppm	蒸発残留物　30ppm以下（n-ヘプタンは150ppm以下）
ポリエチレン（PE）及びポリプロピレン（PP）を製造原料とするもの		蒸留残留物　30ppm（但しn-ヘプタンについて、使用温度が100℃以下の試料では150ppm以下）
ポリスチレン（PS）を製造原料とするもの	揮発性物質 5000ppm 但し、発泡ポリスチレン（熱湯を用いる物に限る）は2000ppm以下　スチレン、トルエン、エチルベンゼンがそれぞれ1000ppm以下	蒸留残留物　30ppm（n-ヘプタンは240ppm以下）
ポリ塩化ビニリデン（PVDC）を製造原料とするもの	バリウム　100ppm以下、 塩化ビニリデン　6ppm以下	蒸発残留物　30ppm以下
ポリエチレンテレフタレート（PET）を製造原料とするもの		アンチモン0.05ppm以下　ゲルマニウム0.1ppm以下 蒸発残留物　30ppm以下
ポリメタクリル酸メチル（PMMA）を製造原料とするもの		メタクリル酸メチル　15ppm以下、 蒸発残留物　30ppm以下
ナイロン（PA）を製造原料とするもの		カプロラクタム　15ppm以下 蒸発残留物　30ppm以下
ポリメチルペンテン（PMP）を製造原料とするもの		蒸発残留物　30ppm以下（n-ヘプタンは120ppm以下）
ポリカーボネート（PC）を製造原料とするもの	ビスフェノールA 500ppm以下　ジフェニルカーボネート500ppm以下　アミン類1ppm以下	ビスフェノールA 2.5ppm以下 蒸発残留物30ppm以下
ポリビニルアルコール（PVA）を製造原料とするもの		蒸発残留物30ppm以下

おもちゃ又はその原材料の規格 おもちゃの一部も「乳幼児の接触により健康を損なうおそれがあるものとして」食品衛生法の一部が準用され「規格基準」が定められています。

食品衛生法に規定する指定おもちゃ
1．紙、木、竹、ゴム、革、セルロイド、合成樹脂、金属又は陶製のもので、乳幼児が口に接触することをその本質とするおもちゃ
2．ほおずき
3．うつし絵、折り紙、つみき
4．次に揚げるおもちゃで、ゴム、合成樹脂又は金属製のもの
　起きあがり、おめん、がらがら、電話玩具、人形、粘土、乗り物玩具（ぜんまい式及び電動式のものを除く）、風船、ブロック玩具、ボール、ままごと用具

溶出試験の対象として用いられる溶出溶媒

食品の種類	浸出溶媒
油脂及び脂肪性食品	n-ヘプタン
酒類	20%エタノール
油脂及び脂肪性食品並びに酒類以外の食品	pH5を超えるもの　　水＊ pH5以下のもの　　4%酢酸

＊通常は60℃30分、
　使用温度が100℃を超える場合は95℃30分間

分類	おもちゃの種類	溶出試験　◆溶出試験　40℃　24時間	
製造基準	すべてのおもちゃ	着色料	
おもちゃ又はその原料	うつし絵	重金属　1ppm以下　ヒ素　0.1ppm以下	
	折り紙	重金属　1ppm以下　ヒ素　0.1ppm以下	
	ゴム製おしゃぶり	器具・容器包装のゴム製ほ乳器具の規格基準に同じ	
	塩化ビニル樹脂塗料 塩化ビニル重合体を主体とする材料	過マンガン酸カリウム消費量　50ppm以下　重金属　1ppm以下 カドミウム　0.5ppm 蒸発残留物　50ppm　ヒ素　0.1ppm	
	ポリエチレンを主体とする材料	過マンガン酸カリウム消費量　10ppm以下　重金属　1ppm以下 蒸発残留物　30ppm　ヒ素　0.1ppm	

食品衛生法で絶対安全？

しかし、この60度の水に30分、使用温度が100度を超える場合のみ95度30分とする溶出条件は、現在のような、プラスチック容器を電子レンジにかけたり、真空パックを火にかけたお湯で温めたりというような、一般的に行われている使用状態からは甘い条件といわざるを得ません。

また、対象となるプラスチックや試験項目も少なく、環境ホルモンなどについては全く考慮されていません。

さらに、おもちゃの「規格基準」は、1972年と、約30年前につくられてから、一度も見直しされていない基準で、対象となるおもちゃの種類や溶出条件、試験方法に至る規格基準まで、まるで実態に合わないものとなっています。この試験方法では、プラスチックのおもちゃから極微量で溶出するノニルフェノールやビスフェノールAを分析することが不可能なばかりか、塩ビおもちゃに最大60％も含まれる可塑剤さえも正しく測ることもできません。

2001年、塩ビ製器具・容器包装、おもちゃについて、一部の改正案が出されましたが、抜本的な見直しが必要です。私たち自身も、安易なプラスチック使用を見直し、身近な製品の毒性情報に関心を持ち、企業や行政に積極的に働きかけることが必要です。

2000年12月に来日した、『奪われし未来』の作者、シーア・コルボーン博士は、来日講演で、環境ホルモンにさらされないために私たちができることとして、「『電子レンジ使用可』とされていても、プラスチック容器に何かを入れて電子レンジで温めたりしないで下さい。「使用可」というのは、プラスチック容器から漏れ出た化学物質がガンを引き起こさないかどうかに基づいており、内分泌に影響するかどうかは考慮されていません。そして、子どもたちの手を頻繁に洗ってあげてください」と具体的なアドバイスを行うとともに「メーカーに電話や手紙で購入する製品のラベルにもっと多くの情報を載せるように求めて下さい。その製品に内分泌攪乱化学物質が含まれていないことの保証がないことを伝えてください」と私たちに呼びかけています。

第8章

ごみとプラスチック

プラスチックのゆくえ

1950年にはわずかに1万7千トンだったプラスチック生産量が、現在ではその850倍以上の1473万トン（2000年度統計）に増加していることは1章でも述べましたが、それにつれてうなぎ登りに増えているのがプラスチックごみの排出量です。

(社)プラスチック処理促進協会の統計によれば1999年のプラスチック製品の国内消費量は1081万トン。そして、廃プラスチック総排出量は976万トンにものぼっています（2001年4月統計）。

プラスチック製品・廃棄物・再資源化フロー図（1999年）

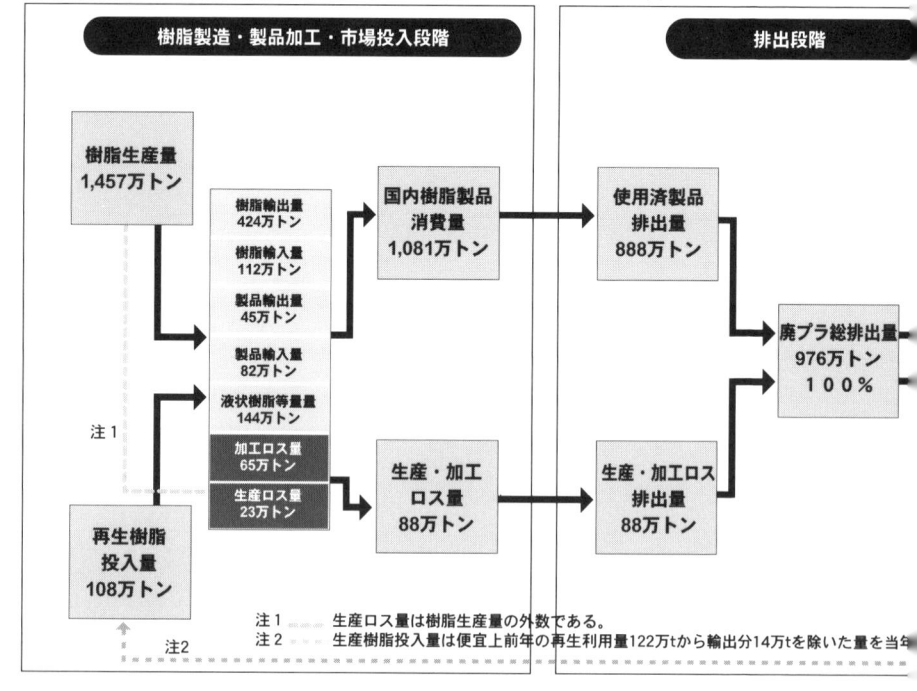

【樹脂製造・製品加工・市場投入段階】
- 樹脂生産量 1,457万トン
- 樹脂輸出量 424万トン
- 樹脂輸入量 112万トン
- 製品輸出量 45万トン
- 製品輸入量 82万トン
- 液状樹脂等量 144万トン
- 加工ロス量 65万トン
- 生産ロス量 23万トン
- 国内樹脂製品消費量 1,081万トン
- 生産・加工ロス量 88万トン
- 再生樹脂投入量 108万トン

【排出段階】
- 使用済製品排出量 888万トン
- 生産・加工ロス排出量 88万トン
- 廃プラ総排出量 976万トン 100%

注1　生産ロス量は樹脂生産量の外数である。
注2　生産樹脂投入量は便宜上前年の再生利用量122万tから輸出分14万tを除いた量を当年

プラスチック国内消費量と廃プラ排出量

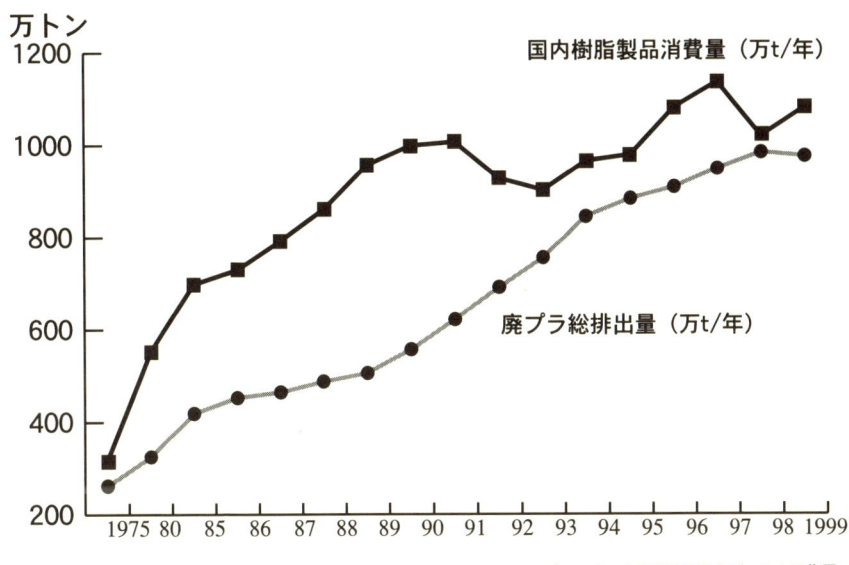

（グラフ：国内樹脂製品消費量（万t/年）と廃プラ総排出量（万t/年）、1975～1999年）

プラスチック処理促進協会データより作図

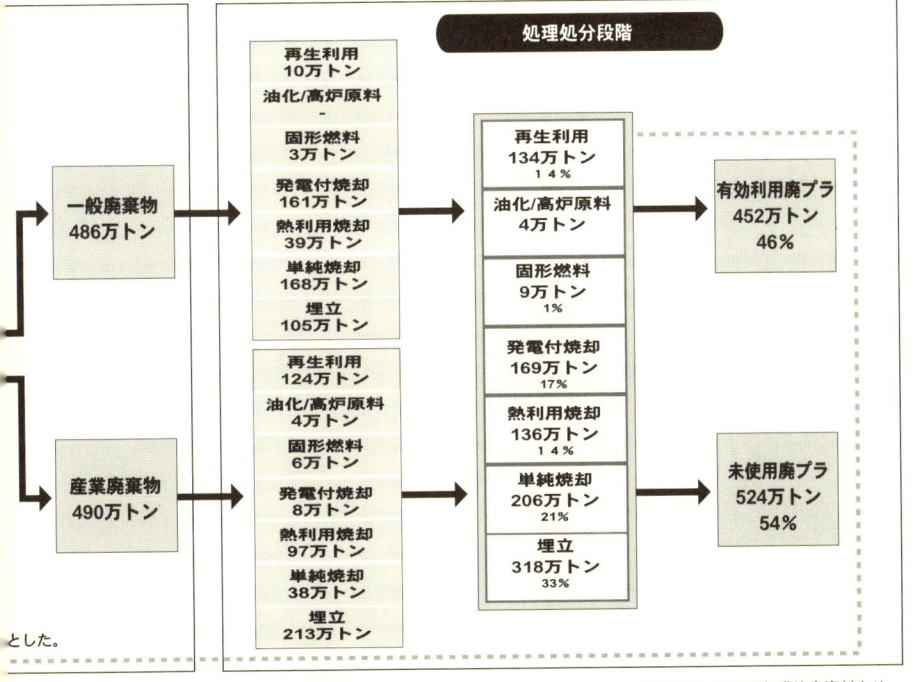

処理処分段階

一般廃棄物 486万トン
- 再生利用 10万トン
- 油化/高炉原料 －
- 固形燃料 3万トン
- 発電付焼却 161万トン
- 熱利用焼却 39万トン
- 単純焼却 168万トン
- 埋立 105万トン

産業廃棄物 490万トン
- 再生利用 124万トン
- 油化/高炉原料 4万トン
- 固形燃料 6万トン
- 発電付焼却 8万トン
- 熱利用焼却 97万トン
- 単純焼却 38万トン
- 埋立 213万トン

合計：
- 再生利用 134万トン 14％
- 油化/高炉原料 4万トン
- 固形燃料 9万トン 1％
- 発電付焼却 169万トン 17％
- 熱利用焼却 136万トン 14％
- 単純焼却 206万トン 21％
- 埋立 318万トン 33％

有効利用廃プラ 452万トン 46％
未使用廃プラ 524万トン 54％

プラスチック処理促進協会資料より

第8章　ごみとプラスチック　123

廃プラスチックは
家庭からの排出割合が高い

　ごみ（廃棄物）は、一般家庭やオフィスなどから出される「一般廃棄物」と「産業廃棄物」に区分されますが、国内で1年間に排出される廃棄物の量は一般廃棄物が約5100万トンで、産業廃棄物（以下産廃と略）はその8倍の約4億トンにものぼります。一方、プラスチック製品は、すぐごみになる使い捨ての容器包装材から、寿命の長い土木・建材用途まで様々ですが、一般家庭では寿命の短い容器包装材をたくさん利用することから、プラスチック排出量が多い傾向にあります。

　一般廃棄物の中の廃プラスチックの量は486万トンのところ、産業廃棄物中の廃プラスチック量は490万トンとほぼ同量で、全体量の少ない一般廃棄物からプラスチック排出割合が高くなっています。

　一般廃棄物の使用済みプラスチックの内訳は、使い捨てなどの容器包装が67％、家庭用品等が22％と、その2種類で全体の8割以上を占めています。

　2000年4月から容器包装リサイクル法のでPETボトル以外のプラスチック容器包装材のリサイクルが開始されていますが、PETボトルや食品トレー以外のリサイクルは、あまり進んでいません。

プラスチックの製品とその寿命

種類	1 年	3 年	5 年	7 年	10年	非廃棄
ポリエチレン	農業用ポリエチレンフィルム、ブロー成形品、フィルム、テープ、加工紙、玩具		雑貨、繊維	射出成形品、（コンテナ）電線被覆		パイプ
塩化ビニル樹脂（PVC）	ブロー成形品、シート、フィルム、雑貨	農業用フィルム	硬質波板	電線被覆、車内内装	床材	水道用、土木用パイプ
ポリスチレン	玩具、容器、雑貨	文具、事務用品	一般機器	テレビ、ラジオその他電気器具車両関係	冷蔵庫	水道用、土木用パイプ
ポリプロピレン	フィルム、フラットヤーンブロー成形品、雑貨、玩具			射出成形品、（コンテナ）繊維		水道用、土木用パイプ

出典　プラスチック処理促進協会　再生利用便覧

何がプラスチックゴミになってるの？

容器包装 65%

家庭用品 20%

低いリサイクル率

現在のプラスチック総排出量の976万トンのうち、半量以上の524万トンは、発電や熱利用もされない「単純焼却」が206万トン（約21％）、「埋立」が318万トン（約33％）と、処理・処分されています。

その他の452万トンの内訳は、「発電付焼却」と「熱利用焼却」でサーマルリサイクルされているのが305万トン（約31％）。再生原料としてマテリアルリサイクルされているのが134万トン（約14％）。固形燃料や油化、高炉原料などのフィードストックリサイクルがわずかに11万トン（約1％）行われています。

また、マテリアルリサイクルされている廃プラスチック134万トンのうち、6割以上は、生産や加工段階で生じた産廃系の廃プラスチックで、マテリアルリサイクルされる使用済みプラスチックの量は47万トンほどしかありません。さらに、そのうちの一般廃棄物の使用済みプラスチックの量は10万トンほどで、その9割近くがPETボトルのリサイクルです。

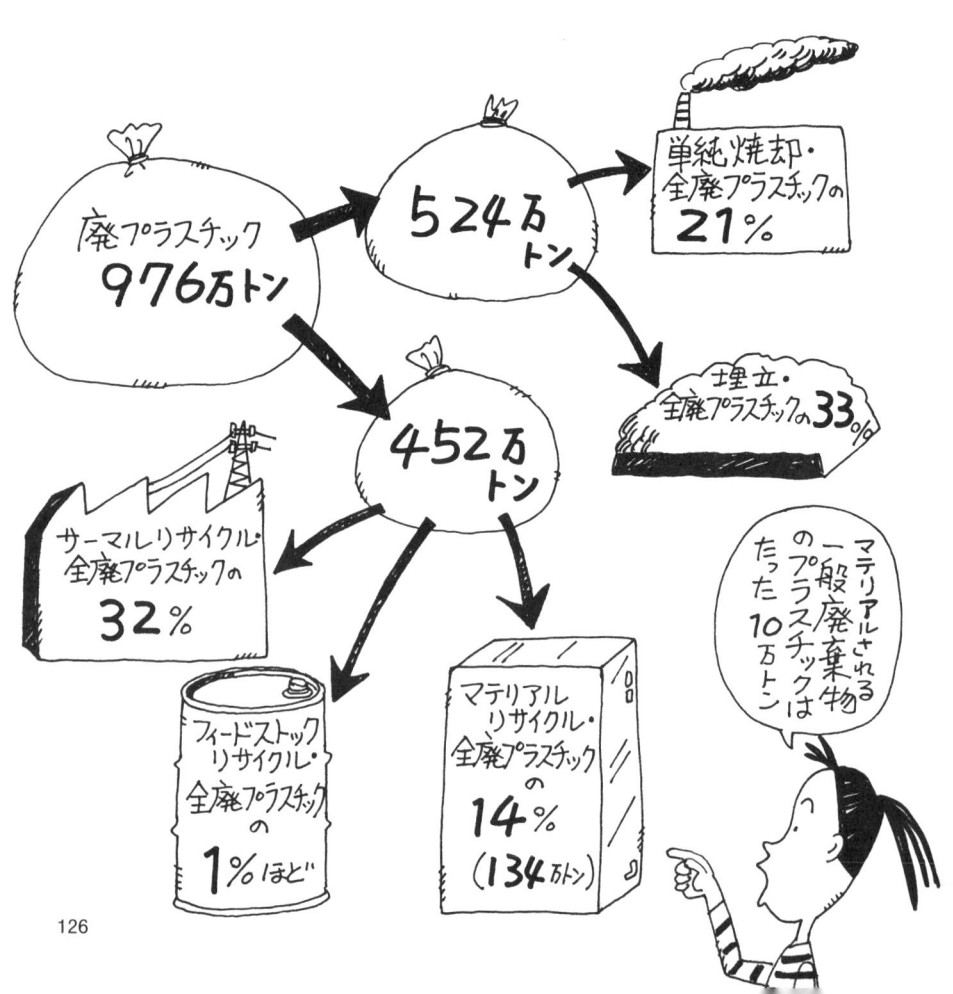

プラスチックのリサイクル

プラスチックのリサイクルは、その手法によってマテリアルリサイクル、フィードストックリサイクル（ケミカルリサイクル）、サーマルリサイクルに区分されます。

プラスチックのリサイクル

再生利用

マテリアルリサイクル　廃プラスチックを再び形成加工原料として利用するリサイクル

フィードストックリサイクル　廃プラスチックを分解して化学原料として利用するリサイクル（再生利用のひとつ）

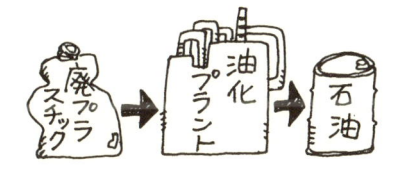

- **油化**　プラスチックを熱により分解して液体状（油）にして利用
- **高炉還元**　製鉄工程（高炉）で鉄鋼石の還元剤としてコークス代わりに利用
- **ガス化**　プラスチックを熱により分解して、一酸化炭素や水素を主成分とするガス状にする
- **コークス炉化学原料化**　製鉄コークス炉で原料炭の代替品として利用し、炭化水素油、水素等のガス及びコークスを製造

サーマルリサイクル　廃プラスチックを燃焼することによって発生する熱や蒸気を利用してエネルギー源として利用するリサイクル

- **セメント焼成**　廃プラスチックをセメントの原料や燃料として利用
- **RPF**　廃プラスチック固形燃料化
- **ごみ発電や熱利用**

経済産業省の容器リサイクル法におけるリサイクルの区分

第8章　ごみとプラスチック

再生利用

マテリアルリサイクル
廃プラスチックを再び形成加工原料として利用するリサイクル

フィードストックリサイクル
廃プラスチックを分解して化学原料として利用するリサイクル（再生利用のひとつ）

- 油化（プラスチックを熱により分解して液体状（油）にして利用）
- 高炉還元（製鉄工程（高炉）で鉄鋼石の還元剤としてコークス代わりに利用）
- ガス化（プラスチックを熱により分解して、一酸化炭素や水素を主成分とするガス状にする）
- コークス炉化学原料化（製鉄コークス炉で原料炭の代替品として利用し、炭化水素油、水素等のガス及びコークスを製造）

サーマルリサイクル（熱回収）
廃プラスチックを燃焼することによって発生する熱や蒸気を利用してエネルギー源として利用するリサイクル。

- セメント焼成（廃プラスチックをセメントの原料や燃料として利用）
- RPF（廃プラスチック固形燃料化）
- ごみ発電や熱利用

これは、現在の経済産業省などによるリサイクル区分です。しかし、リサイクルとは元に戻すことであり、「サーマルリサイクル」という英語はありません。ヨーロッパでは焼却による「エネルギー回収」は「リサイクル」手段として認められていません。

リサイクルの優先順位

廃棄物処理とリサイクルの優先順位については、1993年に制定された環境基本法に基づいて、翌94年に定められた環境基本計画でも「サーマルリサイクル」（熱利用）より「マテリアルリサイクル」が、さらに「ごみ減量」が優先することが位置づけられています。

また、2000年5月に成立した循環型社会形成推進基本法でも、①発生抑制（リデュース）→②再使用（リユース）→③再生利用→④熱回収→⑤適正処分と優先順位が定められたとされています。

しかし、この循環型社会形成推進基本法では、第7条で「この定めによらないことが環境への負荷の低減にとって有効と認められるときは、これによらないことが考慮されなければならない」と優先順位の定義に前置きされる程度の実効性がないものに過ぎません。

プラスチック業界は、1993年5月に通産省（当時）が打ちだした「廃プラスチック21世紀ビジョン」をリサイクルの到達目標と位置づけています。

マテリアルリサイクルといっても、まだまだほんの小規模

たとえばペットボトルから作った衣料品とか…

「廃プラスチック21世紀ビジョン」

① 廃プラスチック対策に関する基本的な考え方として、極力マテリアルリサイクルを進める必要があるが、それが困難なものについては、エネルギー源として有効利用するサーマルリサイクルを検討すべき。
② 将来目標の基本方針としては21世紀初頭にはリサイクル可能な廃プラスチックについては全てリサイクルすることを目標とすべき。
③ 21世紀の目標として、廃棄されるプラスチックのうち約90％をリサイクルすべき（サーマルリサイクル70％、マテリアルリサイクル20％）。

この「21世紀ビジョン」は、基本的な考え方として、マテリアルリサイクルを進める必要があるとしながらも、「それが困難なものについてはサーマルリサイクルを検討するべき」として、21世紀初頭に廃プラスチックを再生利用で20％、サーマルリサイクルで70％、合計で90％リサイクルするというサーマルリサイクルに偏ったリサイクル目的をたてています。

サーマルリサイクルはごみ焼却

しかし、サーマルリサイクルは、結局、「ごみ焼却」にほかなりません。「大量焼却」に偏った政策は、プラスチックの大量消費の受け皿として廃棄物の発生抑制を後退させるばかりか、ダイオキシンなどの有害物質の発生等の問題も抱えます。

廃棄物の処理・処分やリサイクルよりも優先される「発生抑制」を実現させるためには、「拡大生産者責任（EPR）」の徹底が必要です。

拡大生産者責任（EPR）とは、1994年にOECD（経済協力開発機構）内にEPRプロジェクトが発足以来、EU（欧州連合）及びOECDを中心に広がった概念で、「製品の廃棄課程にいたるまでのあらゆる環境影響に対して生産者に責任がある」という考え方です。

この概念をはじめに実現したのは、ドイツの包装廃棄物のリサイクルシステムである「デュアルシステム」です。

1991年に制定されたドイツの「包装廃棄物の抑制及び回避に関する政令」は、容器包装利用事業者や小売事業者、容器包装製造事業者（サービス包装）のリサイクル義務があり、強制デポジット等の再使用優先策も織り込まれています。

また、EU（欧州連合）の廃電気・電子機器（WEEE）指令でも、個人の家庭が無料で排出した廃電気・電子機器に対して製造メーカーがリサイクルの義務を負うシステムになっているように、「発生抑制」を実現させるには、リサイクルコストや回収・運搬費用を製品価格に内部化することで、製品からの有害物質の排除やリサイクル設計など、廃棄物を発生させにくい設計に変換させる動機づけが重要です。

しかし、日本のリサイクルシステムは、分別収集・保管など、自治体の負担ばかりが重い「容器包装リサイクル法」や、消費者が家電排出時に高額のリサイクル料金と収集・運搬費用も支

払うことになっている「家電リサイクル法」のように「拡大生産者責任」（EPR）の本質とはほど遠いものになっています。

このような状況の中で、有限な石油資源の消費と環境汚染をともないながら、プラスチック製品の大量生産と大量廃棄は歯止めがかかることなく増大し続けています。

プラスチックと「容器包装リサイクル法」

1995年6月に制定された「容器包装リサイクル法」（容器包装に係る分別収集及び再商品化の促進等に関する法律）では、プラスチックのリサイクルについては、1997年4月から酒類や飲料、清涼飲料や醤油を入れた「PETボトル」のリサイクルが先行して実施され、2000年4月からは「その他のプラスチック容器包装」のリサイクルも開始されています。

この容器包装リサイクル法では、消費者は「分別排出」、市町村は「分別収集」、事業者は「再商品化」のそれぞれ役割分担が定められましたが、分別収集や選別・保管等を行う自治体の負担（税金による住民負担）ばかりが大きい一方、特定事業者の負担が軽く、

容器包装材の発生抑制にはつながらないという大きな欠陥を抱えています。実際、PETボトルの生産量の急増により、埋立・焼却されるPETボトルの量はかえって増加しており、自治体が回収したPETボトルの引き取りが停止されるなどの事態も起こっています。また、特定事業者が自己申告制のため、義務を担わない「ただ乗り」(フリーライダー)が数万社もいると見られ、事業者間でも不公正さを指摘する声が高まっています。

2000年度、PETボトルのリサイクルは約2300の自治体が実施し、再商品化量も９万トンほどにのぼりましたが、「その他プラスチック」のリサイクルを実施している自治体は、計画で約860自治体(実績は435自治体)程度で、再商品化量も約５万トンほどです。

まぎらわしい「その他プラスチック」の判断基準

PETボトル以外の「その他プラスチック」は、基本的には全ての容器包装が対象となりますが、その分別区分は、私たち消費者にとってわかりにくいものになっています。

①ダイレクトメールの封筒など、中身が商品でないものは対象外
②クリーニングの袋など「サービスの提供」に使用されていたものは対象外
③ＣＤのケースやカメラケースなど中身と分離しても不要にならない物は対象外
④容器でも包装でもないものは対象外
など

2001年４月から、「その他プラスチック」の識別表示が義務づけられましたが、罰則がかかるまでに２年の猶予期間があります。

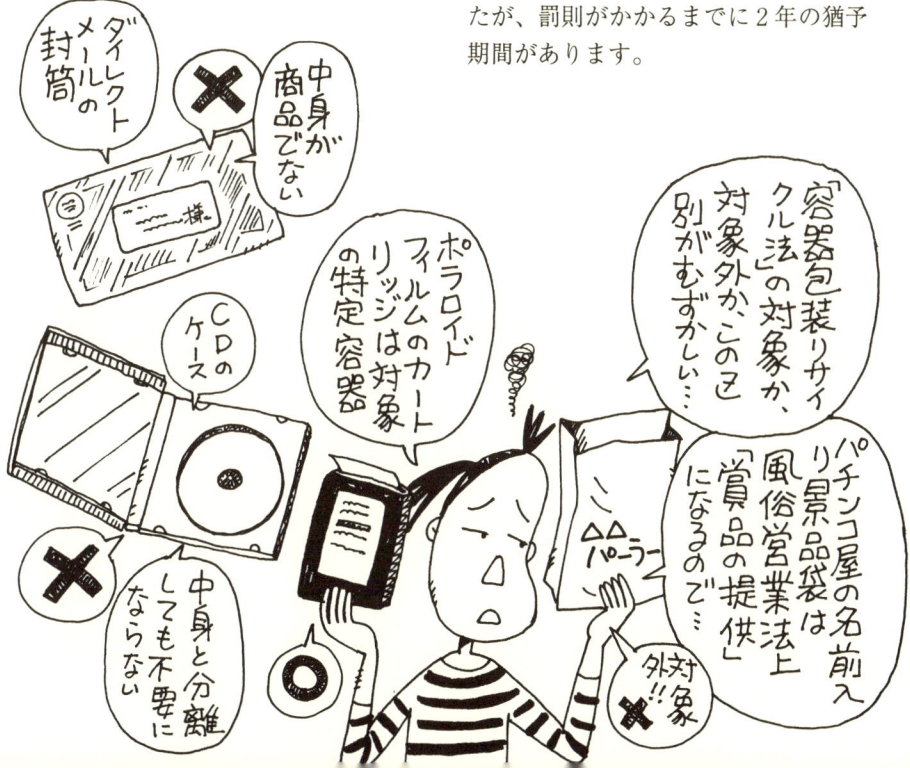

プラスチックと焼却処理

　プラスチックの焼却処理は、1960年代後半からすでに、ごみ中の廃プラスチックの急増により、市町村の焼却炉で様々な問題を起こしていました。

　プラスチックは燃やした時の発熱量が紙や木材の約2倍と高いため、焼却炉内の温度が高温になって焼却炉を損傷させたり、灰が溶けて発生したクリンカー（付着物）により焼却に支障が出たり、耐火レンガが脱落するなどのトラブルを招きました。

　1970年3月に開催された大阪万博では、会場内で使い捨てプラスチック容器の使用が禁止されたのをはじめ、同年10月には、全国都市清掃会議がプラスチック製使い捨て製品の生産抑制と牛乳用ポリエチレン容器の承認中止を決議しています。

　さらに、1973年には、都内の清掃工場からの有害ガスと重金属の排出が報道され、翌1974年、東京都清掃審議会はプラスチックを「適正処理困難物」に指定する答申を行いました。

　この答申書は、適正処理困難物指定の根拠として有害ガス（塩化水素、窒素酸化物）の排出を挙げ、次のように指摘しています。

A．塩化水素の発生源は主として廃棄物中に含まれているポリ塩化ビニルを主体とする含塩素プラスチックである。
B．現在は煙突の拡散効果により着地濃度を抑えているが、大気汚染に対する影響は無視できない。
C．ポリ塩化ビニル、ポリ塩化ビニリデン類は焼却の際排ガス中に腐食性の強い塩化水素を発生して、炉の金属材料やレンガを痛める。

　また、この審議会の資料では、さらに、塩ビ焼却による塩酸ガス処理費や排水の重金属除去費の経費の上昇についての試算も行っています。

1991年に、日本消費者連盟が行った自治体へのアンケート調査でも、回答を得た全国297市のうち、約6割の市がプラスチックを「適正処理困難物」に指定すべきと考えており、プラスチックの処理責任については、「製造・販売業者の責任を明確にし」「費用負担、回収と再生利用ルートの確立、リサイクル施設の建設などの体制をつくる」よう求める声が多く寄せられました。

　しかし現状では、埋立処分場の逼迫等の理由から、自治体で回収されたプラスチック486万トンのうち約76％にあたる368万トンが焼却されています。

　さらに、この廃プラスチックの焼却処理の動きは、ダイオキシン対策の名目で、現在進められている廃棄物処理の広域化・大型化による高温溶融炉やRDF（ごみ固形燃料）化施設の導入によって、益々推進されています。

　しかし、サーマルリサイクルとは言っても、火力発電などと比べ、廃棄物発電の発電効率は、5％から高くても20％程度に過ぎません。一方、プラスチック焼却に対応する焼却施設や灰溶融施設の建設費は莫大で、さらに、排ガス処理の薬剤費や焼却施設の維持管理費などのランニングコストも膨大にかかります。

　結局、ごみ発電は燃料として安定したごみ量を必要とするため「ごみ減量」に逆行します。温暖化防止をめざすのであれば、石油代替エネルギーとして廃棄物発電を打ち出すよりも、まず、ごみ焼却を減らして二酸化炭素の発生量を削減することが求められます。

　しかし、発電施設の付いた焼却施設を建設した自治体では、それまではプラスチックの分別収集やリサイクルにより減量化に努めてきたものが、何でも燃やせるようになってプラスチックの分別やリサイクルをやめてしまうという事態が実際に起こっています。

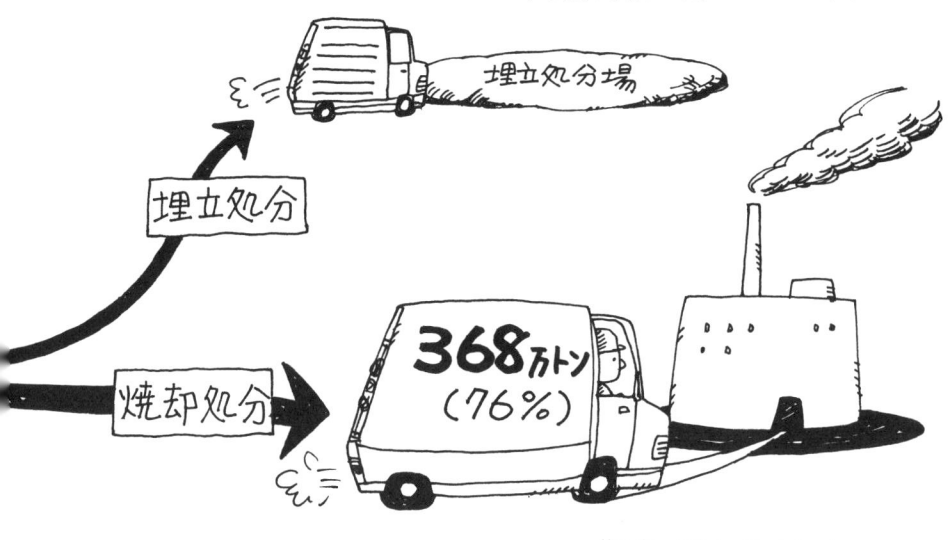

第8章　ごみとプラスチック

さらに、「高温で管理して燃やせば、ダイオキシンの発生は抑えられる」とされていますが、高度焼却施設の維持管理は大変難しく、プラスチックの燃焼の際は実に様々な有害ガスを発生させる危険性があります。

プラスチックから発生する有毒ガス（熱分解・燃焼生成物）

合成樹脂	主な有毒ガス	毒性
ポリ塩化ビニル	塩　　　　　酸 一　酸　化　炭　素 ベ　　ン　　ゼ　　ン ベンヂルアロライド ホ　　ス　　ゲ　　ン 塩　化　ビ　ニ　ル	吸入毒性強、皮フ・眼に対する刺激 酸素運搬阻害 造血機能障害 皮フ・眼、粘膜刺激 毒ガス 発ガン性、遺伝毒性
ポリエチレン	一　酸　化　炭　素	
ポリスチレン	一　酸　化　炭　素 ベ　　ン　　ゼ　　ン ス　チ　レ　ン ト　ル　エ　ン フ　ェ　ノ　ー　ル	 麻痺、造血機能障害 嘔吐、麻痺、けいれん、呼吸困難
ポリプロピレン	一　酸　化　炭　素	
ポリアクリロニトリル	青　　酸　　ガ　　ス アクリロニトリル	猛毒 吸入、皮フ吸収きわめて有毒、発ガン性
ポリアミド（ナイロン）	一　酸　化　炭　素 青　　酸　　ガ　　ス	
メラミン樹脂	一　酸　化　炭　素 青　　酸　　ガ　　ス	
ユリア樹脂	一　酸　化　炭　素 青　　酸　　ガ　　ス ホルムアルデヒド	 吸入、皮フ接触きわめて有毒
フェノール樹脂	一　酸　化　炭　素 青　　酸　　ガ　　ス ホルムアルデヒド フ　ェ　ノ　ー　ル	
ポリウレタン	一　酸　化　炭　素 青　　酸　　ガ　　ス アセトアルデヒド	 吸入、皮フ接触有毒、発ガン性

出典　『生活の中のプラスチック』（日本消費者連盟発行より）

同志社大学の西岡一さんは、高温焼却で、塩化ビニル樹脂製品を1000度で燃やした際でも、新たに変異原性（遺伝子に傷をつけ細胞に突然変異をおこさせる性質）のある、ベンズアントロンやベンゾ（C）シノリンの異性体が生成されることが報告されています。

　このように、専門家の間でも廃棄物の焼却でどのような化学物質が生成するのか、まだ、ほとんどが未解明で、その中にダイオキシンのような毒性を示す物質が存在することが危惧されているのが現実です。

　また、一方では、草木等の自然物を燃やした場合のダイオキシンの生成量は、重油や灯油の燃焼で発生するダイオキシン量と同程度で、ごくわずかであるというデータをもとに、草木等を高温溶融炉で膨大な税金を費やして焼却することについて疑問視する専門家の意見もあります。

塩素系プラスチックの廃棄物問題

プラスチックごみが生み出す環境問題には次のようなものがあります。
- プラスチックごみが散乱することによる環境汚染、海洋流出による海洋汚染
- プラスチックごみの処理・リサイクルによる環境汚染、地球温暖化

特に、海洋に流出した散乱プラスチックは、海がめやオットセイなど、海洋生物の体内からも頻繁に発見され、プラスチック製品の恩恵を享受しない野生生物の生命に打撃を与えています。

また、廃棄物処理やリサイクルなど、廃棄物となった際、最も問題があるのが塩ビや塩化ビニリデン等の塩素系廃棄物です。

塩ビ中に6割含まれる塩素は200度くらいで容易に放出されるもので、焼却処理の際、大量の塩化水素を発生させます。

1970年代、塩ビ焼却によって発生する塩化水素により、清掃工場の焼却炉の煙突が折れるという事故が相次いで起こったことから、塩ビ焼却による焼却炉の腐食や大気汚染、労働者の健康被害などが社会問題となりました。

現実に、1977年、大気汚染防止法が改正され、焼却炉の塩化水素排出基準が設定された際、厚生省（当時）は「ごみ焼却炉から排出される塩化水素は主として塩素系高分子化合物（塩ビや塩化ビニリデンなど）に起因しており、プラスチックの分別で排出基準をクリアできる」という通知を行っています。しかし、その塩化水素の基準は欧米諸国より格段に緩く、ダイオキシンの大量排出を許すことにつながっていました。

塩ビ業界が主張
「ダイオキシンは食塩からも発生する」

これに対して、プラスチック業界は、生ゴミ中の食塩などの無機塩素化合物からの塩化水素の発生量の方が多く、塩化ビニルの寄与率は50％以下であるという調査研究を次々と発表し責任を回避しました。

そして、今日のダイオキシン問題についても、業界は同じように「食塩からもダイオキシンが発生する」と主張し、塩素系樹脂がダイオキシンの発生源となっていることについて責任をうやむやにしています。

しかし、ダイオキシン発生源という点では塩ビと食塩とは比べものになりません。

食塩は融点が801度、沸点が1413度と高温でも安定で、ナトリウムイオンと結合した塩素は非常に反応性が低いものです。それに対して塩ビは65〜85度で軟化、170度で溶融し190度以上で熱分解をはじめて塩化水素を発生させます。

塩ビを加熱して、その重量変化を調べ、排ガスを水に通して塩酸の有無を調べた研究でも、塩ビは200度以上になると塩酸を放出しはじめ、400度以上になると塩ビに含まれていた塩素のほとんどを放出しつくしてしまうことがわかっています。

このように塩ビはダイオキシンの発生しやすい低い燃焼温度の際、ダイオキシンの生成に必要な塩素源としての役割を果たしています。当初からこの問題に取り組んでいる大阪大学理学部元助教授の植村振作さんは、塩ビと生ゴミ中の食塩の塩素量の試算を行い「生ゴミ中の食塩からの塩素量は塩ビからの塩素量の1割にも及ばず、さらに加熱による塩化水素の発生の違いを考えれば1％にも満たなくなる」(『環境新聞』98年7月15日より)と指摘しています。

また、国立環境研究所の安原昭夫さんも「ダイオキシン生成の原因となる塩素源は塩素系有機物質、無機塩化物（食塩）の両方に差はない」という見解を示す一方、実際の自治体のごみ質検査結果からの塩素含有量をもとにダイオキシンの発生量の比率を計算したと結果、「廃プラスチックからのダイオキシン排出が著しく高く、プラスチック専用焼却炉以外での焼却は避けねばならない」と結論しています。

　もともと、生ゴミは有用な有機資源です。2001年4月に施行された食品リサイクル法でも、年間100トン以上の食品廃棄物を出す約1万5000社を対象に、生ゴミの再資源化が義務づけられ、現在、食品メーカーやスーパー等をはじめ、全国で生ゴミの飼料化や堆肥化のとりくみがはじまっています。

　たとえ、塩ビ以外にダイオキシンを発生させるものがあるからといって、塩素需要の3分の1を占める塩ビがダイオキシンの発生源であることには変わりありません。

ごみ焼却によって発生する
ダイオキシン

　現在のダイオキシンの主な発生源はごみ焼却によるものとされています。

　日本は、国土が狭く、埋立処分場の確保が難しいことから、都市ごみの約8割が焼却されており、焼却施設の数も桁外れに多いことから、ダイオキシン発生量が多く、1999年5月に国連環境計画（UNEP）が作成したダイオキシンの排出量の目録（インベントリー）では、日本が最大の大気へのダイオキシン排出国であることが示されています。

　茨城県新利根村、大阪府能勢町、埼玉県所沢市などをはじめ焼却施設からの深刻なダイオキシン汚染が社会問題となり、1999年7月、ダイオキシン類対策特別措置法が成立しました。

　特別措置法は、ダイオキシン類にコプラナーPCBを加え、耐容一日摂取量（TDI）を4pg（ピコグラム）と設定。大気、水質、土壌の環境基準を定め、特定施設を対象に排ガスと排水の基準値を設けました。

　しかし、この特別措置法は、各基準のもととなるTDI自体がWHO勧告の上限で設定されてしまったことをはじめ、各基準が甘く、塩ビ製品などへのダイオキシンの発生源対策や、緊急を要する母乳や食品汚染などへ具体策が講じられない、出口規制に偏ったものでしかありません。

　環境庁（当時）は1997年から、ダイオキシン類の排出目録を発表しており、排出量は年々減少していますが、まだまだ日本の発生量は、世界でもトップクラスです。

　また、この試算は、年に1〜数回のダイオキシン測定に基づくもので、いつもと違う条件で焼却されている例も多く、正しい排出実態を把握していないという大きな問題もあります。

　この焼却処理によるダイオキシンの発生の原因は、塩ビや塩化ビニリデン等の塩素系プラスチックの焼却です。

各国のダイオキシン類排出量の比較

国名	年	排出量 (g)
アメリカ	1995	2,501
ドイツ	1994	334
オランダ	1991	484
イギリス	1994	560〜1,064
スウェーデン	1993	22〜88
EU	1993〜5	5,749
カナダ	1997	290
オーストラリア	1994	149〜2,312
ニュージーランド	1998	14〜51
日本	1999	2,260〜2,440

出典：環境庁　ダイオキシン排出抑制対策検討会
2000.6.27資料より作図

各国の都市ゴミ処理状況の比較

国名	日本	ドイツ	アメリカ	フランス	イギリス
人口（万人）	12500	8200	26300	5600	5700
ゴミ発生量（万t/年）	5160	4950	20700	3000	3500
ゴミ焼却率（％）	77.9	35(25)	16	45	7
ゴミ焼却施設数	1769	47	168(150)	170(260)	30

＊（　）内は、文献により、データが異なる場合の数値
＊出典　日本のみ『平成10年度一般廃棄物の排出及び処理状況について』2001年6月22日環境省発表による。
　　諸外国のデータは、廃棄物学会誌 vol.9 No7.福永勲氏論文による。（1998）

ダイオキシン類の基準

◆TDI（耐容一日摂取量）--------- 4 pg／kg／日

◆**環境基準**（単位：pg）

大気（1 m³当たり）	0.6	
水質（1 ℓあたり）	1	
土壌（1 g当たり）	1000	250（調査指標）
底質	未定	

◆**排ガス基準**（単位：ng／m³）

対象施設		新設	既設	暫定値
廃棄物焼却炉	燃焼能力4t以上	0.1	1	80
	2〜4t	1	5	80
	50kg〜2t	5	10	80
製鋼用電気炉		0.5	5	20
鉄鋼業焼結		0.1	1	2
亜鉛回収		1	10	40
アルミニウム合金製造		1	5	20
RDF（ごみ固形燃料化施設）		0.1	0.1	1

◆**排水基準**（単位：pg／ℓ）

対象施設	新設	既設	暫定値
新パルプ製造	10	10	−
アルミニウム製品製造	10	10	20
塩化ビニル製造	10	10	20
一般・産廃焼却	10	10	50
PCB分解	10	−	−
PCB汚染洗浄	10	−	−
上記事業所の排水処理	10	10	−
下水道終末処理	10	10	−
廃棄物最終処分場	10	10	−

既設の暫定値は2002年11月30日まで
2002年12月1日より既設
ダイオキシン類対策特別措置法、廃棄物処理法をもとに作成

> 排出実態も正しく把握してないのに…この基準値も甘くない？

塩ビ生産量とともに急増するダイオキシンの発生

ダイオキシンは急性毒性、発がん性、催奇形性、生殖毒性、免疫毒性など、さまざまな毒性を持つ有害物質ですが、最近、ごく低濃度でも、精子の減少、子宮内膜症、流産などの生殖毒性や次の世代におよぼす内分泌撹乱作用が問題となっており、米国では新たに発がん性に対する見直しも行われています。

ダイオキシンは、農薬の製造過程や、塩素化合物の燃焼、塩素漂白工程などから意図せずに生成されることから、「非意図的生成物」といわれています。

スイスのチューリッヒ湖の底質のダイオキシン濃度は、塩素系農薬などに使用される芳香族塩素化合物の生産量と強い相関を示しているのをはじめ、米国五大湖、スウェーデンのバルチック海などの底質でもダイオキシン蓄積量は1940年代以降に急増しています。

さらに、日本の琵琶湖の底質のダイオキシン濃度は1950年代ころから急増しており、これは、日本の塩ビや塩素系の薬剤などの生産が欧米より10年遅れて始まったことに合致しています。

塩ビ生産量

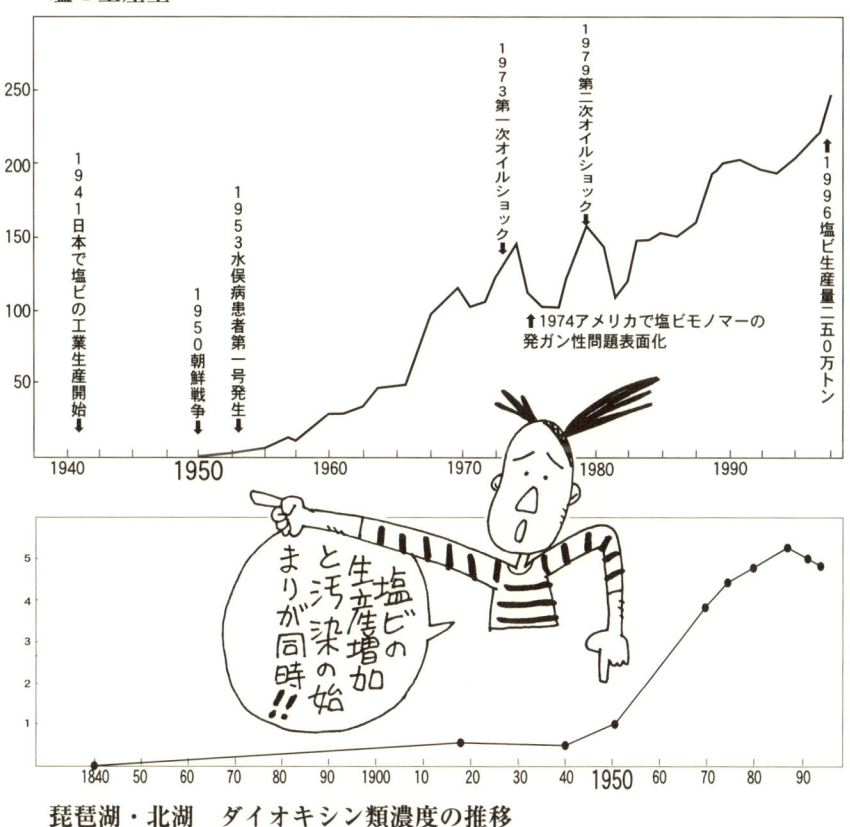

- 1941 日本で塩ビの工業生産開始
- 1950 朝鮮戦争
- 1953 水俣病患者第一号発生
- 1973 第一次オイルショック
- 1979 第二次オイルショック
- 1974アメリカで塩ビモノマーの発ガン性問題表面化
- 1996 塩ビ生産量二五〇万トン

塩ビの生産増加と汚染の始まりが同時!!

琵琶湖・北湖　ダイオキシン類濃度の推移

出典）『平成9年度廃棄物処理におけるダイオキシン類の発生と挙動に関する研究』
（廃棄物研究財団より作図）

第8章　ごみとプラスチック　143

ラップを燃やすと
どんなものが発生する？

国立環境研究所の調査で「サランラップ」「NEWクレラップ」でおなじみの塩化ビニリデン系のラップを単独で燃やした（正確には500度で熱分解）場合の生成物が報告されています。

500度で加熱するとすぐ塩化ベンゼンができ、これが２個くっついてPCB、さらにポリ塩化ジベンゾフランが生成します。

また、ベンゼンが二つ横につながった形の塩化ナフタレンや塩化スチレン、塩素のないスチレンも生成されますがこれもベンゼンと同じ環状のもので、ダイオキシンの骨格になります。

塩素化物はいずれも毒性が高いことが懸念されていますが、特に塩化ナフタレンはダイオキシンと構造が似ており、最近、特に環境汚染物質として注目されている物質です。

塩化ビニリデンの熱分解生成物（500℃）

化 合 物 名	発 生 量（μs／g）
ベンゼン	-
トルエン	-
スチレン	66
フェノール	23
フェニルアセチレン	12
ナフタレン	235
ビフェニール	53
ベンゾフラン	75
ジベンゾフラン	4
（非塩化物 合計470）	
塩素化ベンゼン類	5140
塩素化トルエン類	77
塩素化スチレン類	1820
塩素化フェノール類	98
塩素化フェニルアセチレン類	160
塩素化ナフタレン類	1160
塩素化ビフェニール類(PCB(	180
塩素化ベンゾフラン類	160
（塩化物 合計8800）	

出典：『燃焼・熱分解と化学物質』（環境科学研究会）

塩ビ製タマゴパックを
１個燃やしただけで、東京ドーム
内の空気が環境基準の２倍に！

　また、2000年２月に発表された、東京都環境科学研究所の「家庭用焼却炉からのダイオキシン類排出状況調査」でも、家庭用焼却炉で塩ビ混入率をあげると排ガス、灰ともにダイオキシン類濃度が上昇することが判明しています。

　塩化ビニル１gを焼却すると約140ng TEQ／g（排ガス）のダイオキシン類が発生することから、この値から試算して、家庭用焼却炉で塩ビ製タマゴパック１個（約11g）を焼却しただけで、東京ドーム内の空気（124万m³）が環境基準（年平均0.6pg TEQ／m³）の２倍のダイオキシン濃度になってしまうことがわかりました。このように塩ビは焼却炉から発生するダイオキシンの発生源であることが明らかなのですが、塩ビ業界は「焼却炉の改良によりダイオキシンの発生は抑えられる」と繰り返しています。塩ビ業界は、そう主張するのであれば、生産者の責任として、現在、膨大な税金を費やして進められている焼却施設の建て替えや改良等のダイオキシン対策費用を負担すべきです。もちろん、それ以前の塩化水素の中和薬剤費も負担すべきです。

第8章　ごみとプラスチック

ヨーロッパの塩ビ戦略

このように問題の多い塩ビに対して、デンマークでは、1988年の関連業界との自主協定で、塩ビ製包装資材を2000年までに83％を段階的に削除することになっていたにもかかわらず、目標が達成されなかったため、環境大臣が協定を破棄。塩ビフィルムに対して1キロあたり12クローネ（約180円）の高額の課税を実施しました。さらに、デンマーク政府は1999年6月、塩化ビニルに1キロあたり2クローネ（約30円）、フタル酸エステル類に1キロあたり7クローネ（約100円）の課税を含む「塩化ビニル戦略」を発表しています。

さらに、EU（欧州委員会）でも2000年7月、「塩化ビニルの環境問題」というグリーンペーパー（試案文書）を打ち出し、欧州議会は2001年4月、これに対する決議を行いました。

この欧州議会の決議の内容は、「塩ビにはラベルをつけ、他のごみと区別できるようにすべき」「医療用品から代替政策を始めるべき」「安定剤として加えられる鉛とカドミウム添加物も段階的に廃止すべき」という内容が織り込まれています。

プラスチックの分別でダイオキシンの発生を激減させた自治体

塩ビなどの廃プラスチックを徹底分別してダイオキシンを激減させた実際の自治体の例があります。

埼玉県　久喜市・宮代町

久喜宮代衛生組合では、第1回目のダイオキシン調査の後、再燃焼施設を設置するなど炉の補修を行いましたが、2回目の調査ではダイオキシン濃度は減りませんでした。

そこで、資源としてプラスチックの分別収集を始め、燃やさないようにしたところ排ガスと飛灰のダイオキシン濃度とも激減しました。

神奈川県大磯町

大磯町美化センターでは、第1回目のダイオキシン測定では緊急対策が必要な高濃度だったため、簡単な炉の補修、集塵機入口温度を抑えるなどの対策に加え、手選別でプラスチックの徹底分別を行いました。

その結果ダイオキシン濃度は大幅に抑えられました。

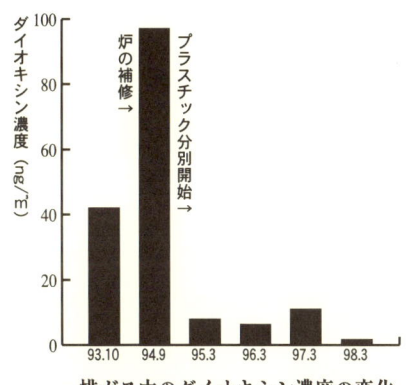

排ガス中のダイオキシン濃度の変化
（久喜市宮代町、2号炉）

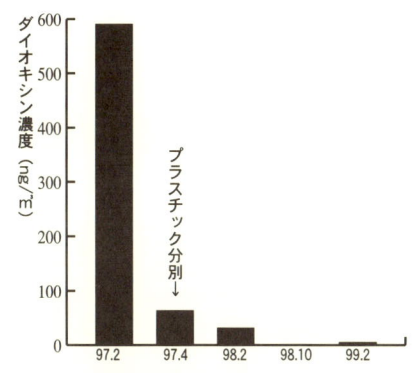

排ガス中のダイオキシン濃度の変化
（大磯町、1号炉）

第8章　ごみとプラスチック

プラスチックのリサイクル

それでは、プラスチックのリサイクルは現在、どうなっているのでしょうか。

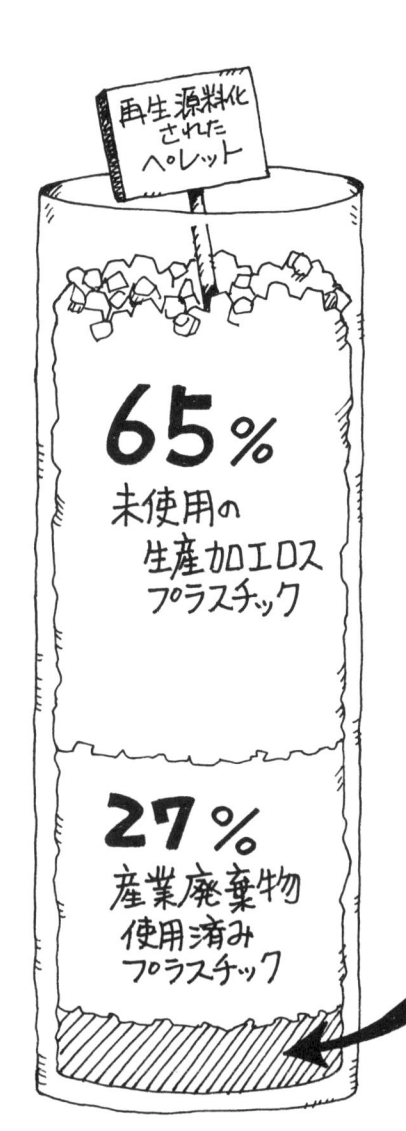

再生利用
マテリアルリサイクル

マテリアルリサイクルは、廃プラスチックをペレットなどの再生原料に加工するリサイクルです。

汚れが少なく材質も均一なプラスチックであることが必要なため、その65％が未使用の生産加工ロスです。使用済みプラスチックでマテリアルリサイクルされているものはコンテナ類や発泡スチロール梱包材、農業用フィルムなどの産業系のプラスチックがほとんどで、マテリアルリサイクルされる産業廃棄物の使用済みプラスチックは37万トン（27％）、一般廃棄物の使用済みプラスチックは10万トン（8％）ほどです。一般廃棄物でマテリアルリサイクルがすすんでいるのはPETボトル、発泡スチロールトレーだけで、「容器包装リサイクル法」でも「その他プラスチック」のマテリアルリサイクルはほとんど考えられていません。PETボトルのリサイクルでは、塩ビボトルが混入すると品質が低下するため容器包装リサイクル法の引き取り品質ガイドラインでは、塩ビボトルの混入が0.5％以下であることが定められています。

再生原料化されたペレット

65％ 未使用の生産加工ロスプラスチック

27％ 産業廃棄物使用済みプラスチック

一般廃棄物の使用済みプラスチック 8％

たったこれだけ!?

フィードストックリサイクル

　フィードストックリサイクルは廃プラスチックを分解して化学原料として利用する方法でケミカルリサイクルともいいます。このフィードストックリサイクルは大きな意味で再生利用（マテリアルリサイクル）の中に位置づけられます。

油化

　油化は、プラスチックを溶融・熱分解して炭化水素油を得るリサイクル方法です。新潟市や札幌市などで油化センターが稼働していますが、リサイクルコストが高くつくため、あまり進んでいません。できた油を燃料として利用するのであれば、フィードストックリサイクルには入りません。

　油化も塩ビの塩素やPETの酸素がリサイクルの障害になるため、塩ビやPETを比重で分離する工程や脱塩素工程を設けなくてはいけません。

高炉還元

　高炉還元は製鉄工程（高炉）で鉄鋼石の還元剤として使用するコークスの代わりに廃プラスチックを利用するリサイクルです。

　コークスを廃プラスチックで代替した場合、二酸化炭素の発生が削減されることや、ドイツの容器包装リサイクルシステムでも実績があることから最も有望視されているリサイクル方法です。

　現在、NKK（日本鋼管）の川崎製鉄所（神奈川県）と、福山製鉄所（広島県）などで実施されています。

　高炉還元においても塩ビの塩素が銑鉄やプラント腐食を招くため、塩ビを分離する工程や脱塩素工程を設ける必要があります。

> うーん、やっぱり大規模な設備が必要か…
> コストがかかるなー

コークス炉原料化

　コークス炉原料化は、コークス炉で廃プラスチックを石炭の代替品として利用し、コークスや軽油、タール、ガスを製造する方法です。すでに、塩素を含まない産廃系プラスチックの技術開発は行われていましたが、現在、新日本製鐵の君津製鉄所、名古屋製鉄所に脱塩素工程を設けたコークス炉原料化施設が建設されています。

ガス化

　ガス化はプラスチックを熱により分解して、一酸化炭素や水素を主成分とするガス状にするリサイクルです。

サーマルリサイクル（**熱回収**）

　廃プラスチックを燃焼することによって発生する熱や蒸気を利用してエネルギー源として利用するリサイクル。

セメント焼成

　セメント焼成は、廃プラスチックをセメントキルンでセメント原料や燃料として利用する方法です。産廃系プラスチックではすでに相当量行われていますが、一般廃棄物中の廃プラスチックには8～10%塩ビが含まれているため、塩素を抜くバイパスなどの脱塩素設備を設けるか、または、塩素分が0.02%以下という普通セメントのJIS規格に合格しない、用途の限られたエコセメントを製造することになります。

廃プラスチック固形燃料化（RPF）

　一般のごみからつくる固形燃料はRDF（Refuse Derived Fuel）といわれますが、プラスチックと紙を主体とした固形燃料はRPF（Refuse Paper & Plastic Fuel)と呼ばれています。

　一般ごみの発熱量は約2000カロリー、RDFの発熱量は約5000カロリーのところ、RPFは6500～1万カロリーと重油を凌ぐほどの発熱量があることから、すでにクリーニング工場などで利用されており、各地で発電施設建設計画も持ち上がっています。しかし、塩素系プラスチックの混入やプラスチック添加剤によるダイオキシン等の有害物質発生、灰処理など、環境面でさまざまな問題を抱えています。ごみを乾燥、圧縮して固形燃料を成形するRDF化施設からも、ダイオキシンが発生していることが判明し、2001年2月からRDFの製造施設にもダイオキシン規制がかかわることになりました。

このようにプラスチックのリサイクルも、塩素系樹脂の塩素が障害となってリサイクルコストを押し上げています。

　また、プラスチックのリサイクルでも、加熱工程があるため、焼却する場合と同様に、ダイオキシンをはじめ、プラスチックからいろいろな有害物質が生成する可能性があります。

　「環境ホルモン全国市民団体テーブル　ダイオキシンゼロ宣言NO!　塩ビキャンペーン」は、2000年10月、塩ビ製の農業用ビニルと再生原料に含まれる環境ホルモン調査を行い、環境ホルモンのフタル酸エステル類等がリサイクルの過程で環境を汚染している可能性があることを突きとめました。しかし、プラスチックリサイクルを推進している経済産業省や農林水産省も、リサイクルによる環境汚染や、リサイクル品への汚染などを良く調査しないままリサイクルを進めているのが現状です。

　リサイクルは単純焼却や埋立処理に比べて資源の有効利用といえますが、リサイクルも多大なコストとエネルギーをかけて環境を汚染する行為に変わりありません。リサイクル以前に、まずごみを減らすことが必要です。

　リサイクルを大量消費の免罪符とするのではなく、リサイクル費用や収集運搬費用を製品価格に織り込み、拡大生産者責任（EPR）を実現させることで発生抑制に繋げることが求められます。

プラスチックと埋立処分

　埋立処分は最終処分とも呼ばれ、埋め立てられる廃棄物の種類によって次の三つに分けられます。
①安定型処分場
②管理型処分場
③遮断型処分場

① 安定型処分場

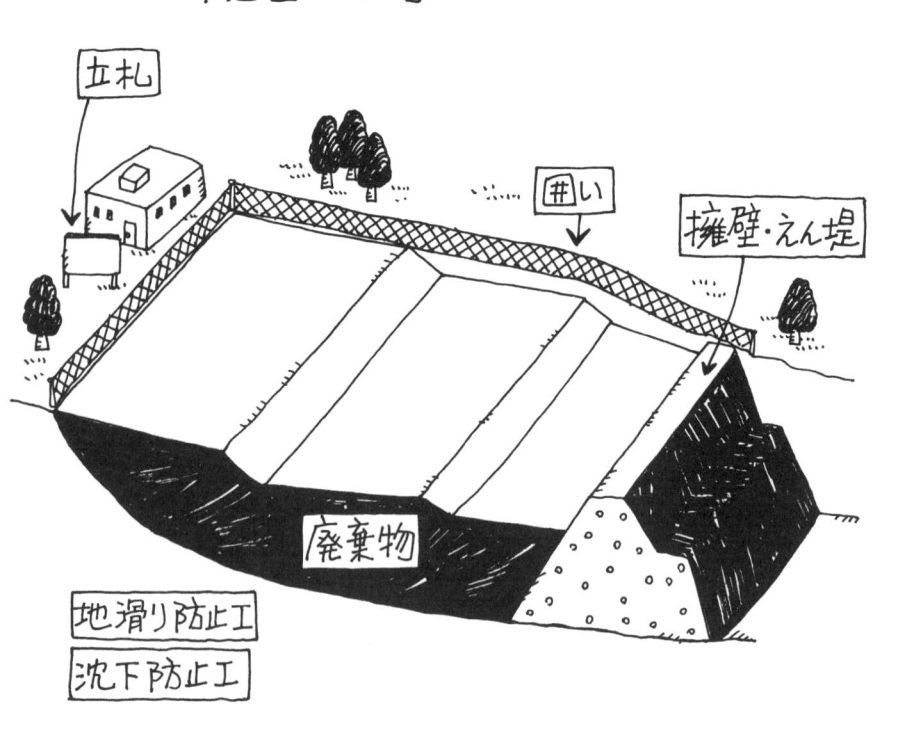

② 管理型処分場

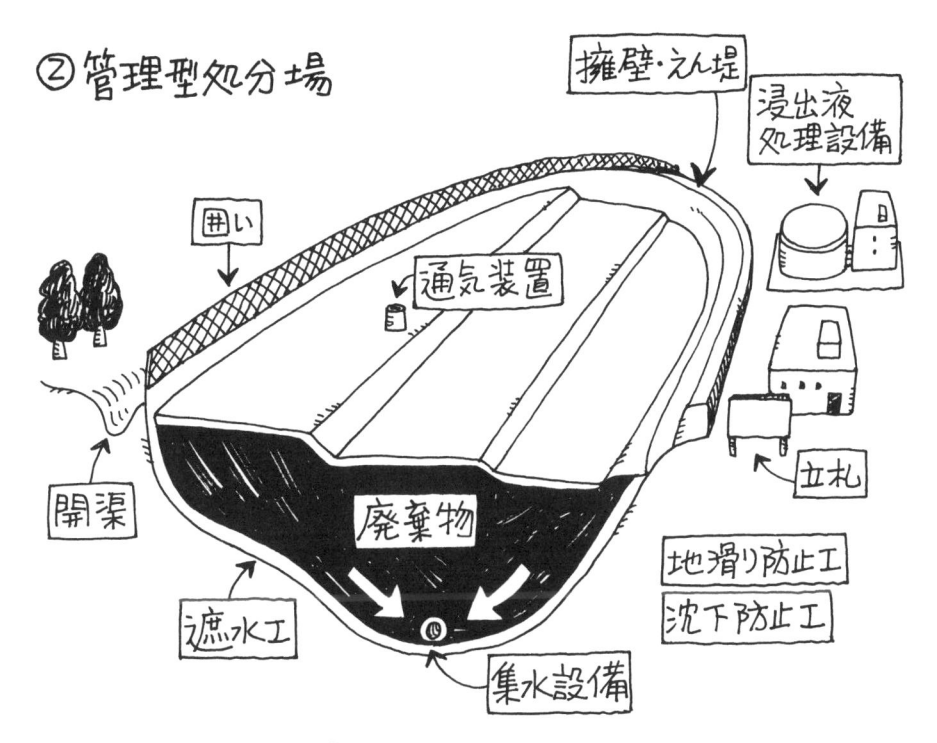

（図：管理型処分場の構造）
- 擁壁・えん堤
- 浸出液処理設備
- 囲い
- 通気装置
- 開渠
- 廃棄物
- 遮水工
- 立札
- 地滑り防止工
- 沈下防止工
- 集水設備

③ 遮断型処分場

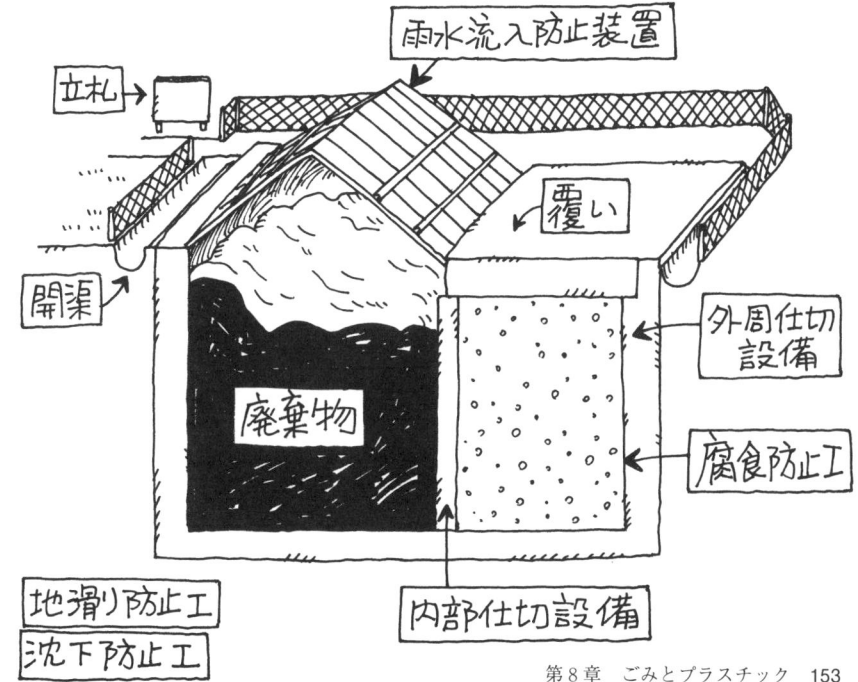

（図：遮断型処分場の構造）
- 雨水流入防止装置
- 立札
- 覆い
- 開渠
- 外周仕切設備
- 廃棄物
- 腐食防止工
- 地滑り防止工
- 沈下防止工
- 内部仕切設備

安定型処分場

　安定型処分場は、処分場周辺を柵で区切り、立て札で許可内容を表示するという簡単な埋立処分場で、遮水シートや浸出水の処理設備もありません。この安定型処分場は2001年4月現在、全国に1846カ所ほどありますが、産業廃棄物の中でも、安定5品目と呼ばれる「廃プラスチック、金属くず、ガラス・陶磁器くず、ゴムくず、建設廃材」を埋立られることになっています。廃プラスチックについては、廃棄物処理法施行令の改正により1996年4月から、有害物質を含む自動車や家電の破砕物（シュレッダーダスト）や、有機性の物質が付着している可能性がある容器包装材等は管理型処分場で処分しなければならなくなりましたが、そうでないプラスチックも多くは安定型とは言えないもので、問題は多く残されています。

管理型処分場

　管理型処分場は、埋立地の底面や側面に遮水シートを敷いて雨水等が外部に流出することを防いだり、浸出水の排水処理設備が設けられた埋立処分場です。

　管理型処分場には、廃プラスチックを含む一般廃棄物全般や燃えがら、有害物質を含まない産業廃棄物中の汚泥、燃えがらなどが埋立られます。

　現在、全国には産業廃棄物の管理型処分場は約1100、一般廃棄物の管理型処分場が約2100カ所ほどあります（重複あり）。

遮断型処分場

　遮断型処分場は廃PCBや水銀、カドミウムやヒ素などの有害物質を含む特別管理廃棄物の処分を目的としてつくられた処分場で、外部から雨水が入らないように屋根を付け、浸出水によって有害物質が流出しないようにコンクリート槽でできている処分場です。

　一般廃棄物の場合、PCBを含む廃家電や集じん灰（飛灰）、感染性廃棄物などが特別管理一般廃棄物にあたりますが、廃プラスチックを焼却した場合、飛灰のダイオキシン濃度は特に高くなります。現在は、特別管理廃棄物も高温溶融や灰溶融で無害化するという方針になってきています。「無害化」された特別管理廃棄物は管理型処分場に埋め立てるだけでいいことになっています。

　遮断型処分場は、全国に43カ所ほど（産業廃棄物）しかありません。

現在、廃プラスチック総量の約3割が埋立処分されています。産廃の廃プラスチックは、土中で安定であるという認識により、安定5品目に指定されていますが、処分場の浸出水の調査結果からは、リン酸エステル類、アルキルフェノール類、フタル酸エステル類、ビスフェノールA等のプラスチック添加剤が高濃度で検出されています。

　また、現在、埋立処分場は逼迫しており、産業廃棄物はあと3.3年、一般廃棄物はあと約12年で処分場が一杯になってしまうと予測されていることから、プラスチック発電や廃棄物の高温溶融や灰溶融によるスラグ化が進んでいます。

　しかし、プラスチック焼却のための高度な処理施設や有害物質の無害化のために増大するゴミ処理コストは、自治体の予算を圧迫しています。

　今後ますます家庭ごみの有料化として私たち消費者にはね返りつつあります。

廃棄物の有害物質が雨水に溶けて地下水にしみ出す気がして…

雨が降ると心配なんです

△△処分場

第8章　ごみとプラスチック

燃やさない施策へ

スウェーデンで生まれた環境NPOのナチュラルステップは、維持可能な社会の実現のために次の条件を挙げています。
1. 地殻から取り出した物質の濃度が生物圏の中で増え続けない。
2. 人工的に生産された物質の濃度が生物圏の中で増え続けない。
3. 生物圏の循環と多様性を守る。
4. 人間のニーズを満たすために、資源が公平かつ効率的に使われる。

この原則からも、地殻から取り出した化石燃料を、大量に急激に大気中に拡散させる「廃プラスチックの焼却」を減らしていく必要があることは明らかです。

大気汚染の深刻なフィリピンでは、1999年6月、現在使われているごみ焼却炉を今後三年以内に使用中止させるという内容の「大気清浄法」を成立させました。また、同年9月には中米のコスタリカでも焼却を禁止する大統領令が出されています。さらに、オーストラリアの首都キャンベラでも燃やさない埋め立てないシステムづくりが進められ、現在、埋立施設はありますが焼却施設はありません。

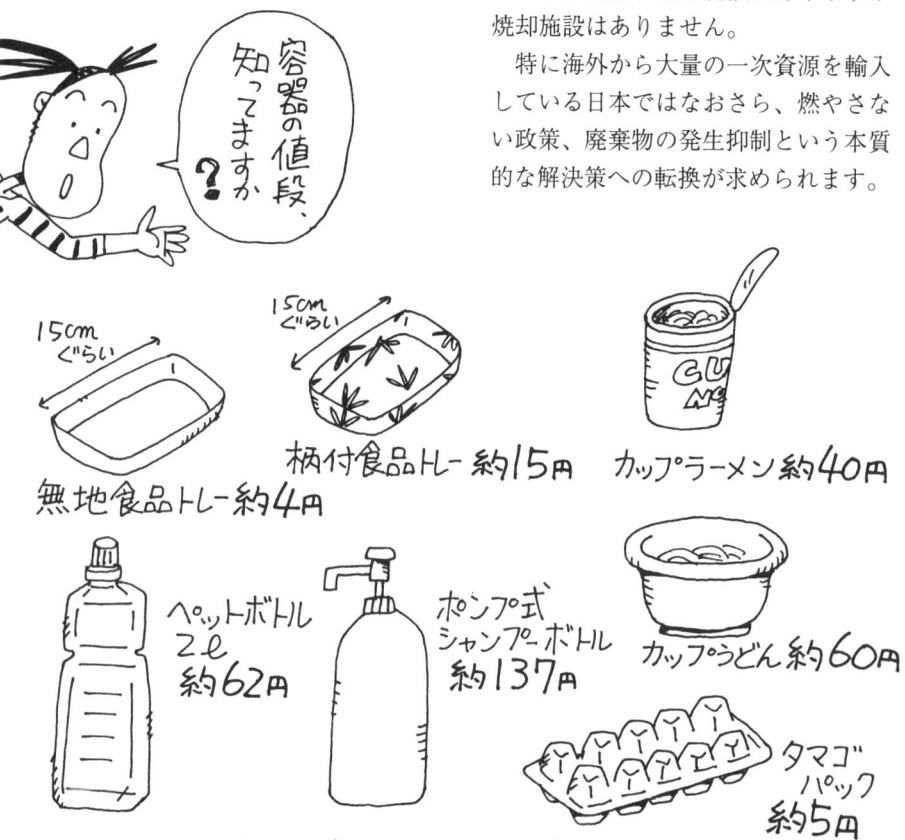

特に海外から大量の一次資源を輸入している日本ではなおさら、燃やさない政策、廃棄物の発生抑制という本質的な解決策への転換が求められます。

容器の値段、知ってますか？

無地食品トレー 約4円（15cmぐらい）

柄付食品トレー 約15円（15cmぐらい）

カップラーメン 約40円

ペットボトル 2ℓ 約62円

ポンプ式シャンプーボトル 約137円

カップうどん 約60円

タマゴパック 約5円

※上記の値段は市販価。卸し値は上記の20～30%

私たちにできること

まず、ごみを出さない暮らしを心がけましょう。
- 不必要にものを買わないようにしましょう。
- 使い捨てを極力やめ、繰り返し使えるものを選択しましょう。
- 買い物には袋を持参し、スーパーの使い捨ての買い物袋は使わないようにしましょう。

環境に負荷を与えない商品を選択しましょう。
- 表示を見て買いましょう。
- 再使用（リユース）や再生品を優先して使いましょう。
- 塩ビ製品を買わない、使わないようにしましょう。
- 安くてすぐ使えなくなくなるものより、寿命が長いものを選びましょう。

私たち消費者が何を買うか、どう使うか、どう捨てるか？「グリーンコンシューマーが増えれば社会が変わる」と、日常の買い物で環境を大切にして、商品やお店を選択する「グリーンコンシューマー運動」を進めているグリーンコンシューマー全国ネットワークでは、次のようなグリーンコンシューマー10原則を掲げています。

1．必要なものを必要な量だけ買う。
2．使い捨てでなく、長く使えるものを選ぶ。
3．容器や包装はないものを最優先し、次に再使用できるもの、最小限のものを選ぶ。
4．作るとき、使うとき、捨てるとき資源とエネルギー消費の少ないものを選ぶ。
5．化学物質による環境汚染と健康への影響の少ないものを選ぶ。
6．自然と生物多様性をそこなわないものを選ぶ。
7．近くで生産・製造されたものを選ぶ。
8．作る人に公正な配分が保証されるものを選ぶ。
9．リサイクルされたもの、リサイクルシステムのあるものを選ぶ。
10．環境問題に熱心に取り組み、環境情報を公開しているメーカーや店を選ぶ。

生活協同組合や共同購入の会の中では、リターナブルびんや通い箱を活用してごみの増加を抑える取り組みを行ったり、百貨店や小売店ではお酒や油などの量り売りも再開されるようになってきました。

小売店やメーカーに求めよう!
- 製品の材質表示と添加剤の情報公開を求めましょう。材質表示等がない場合、メーカーに直接問い合わせて聞きましょう。
- 容器のリユース、量り売り等を求めましょう。
- 食品トレーの中止、簡易包装を求めましょう。
- 使い捨て商品の中止や塩ビ製品の代替を求めましょう。
- 使い捨てや塩ビ製品の粗品・景品は断わりましょう。
- 包装材はその場で返しましょう。

国や自治体に求めよう!
- 予防原則の考えに立った有害物質対策を求めましょう。
- 製品の材質表示義務化と添加剤の情報公開を求めましょう。
- 塩ビ規制を求め請願・陳情を提出しましょう。
- 使いすて製品の禁止、塩ビ規制を求める請願・陳情を出しましょう。
- リサイクル法を改正し、拡大生産者責任（EPR）の徹底を求めましょう。
  環境汚染や、処理・リサイクルにかかる費用等の環境コストを製品価格に内部化させ、より環境に負荷のかからない方法・製品が経済的にも優先されるシステムづくりを進めましょう。

第8章　ごみとプラスチック

プラスチックの評価

　さまざまな種類があり、多種多様な添加剤が使用されているプラスチック。プラスチックは腐らない、錆びないという利点を持ちますが、その反面、自然に還ることがない素材です。

　ドイツのフライブルグ市の小学校では、環境教育の中でミミズの飼育箱にゴミを入れ、ミミズが食べる生ごみ等の有機物と自然に還らないプラスチックやアルミ等の違いを子どもたちに実感させることで、「ごみの出ない学校・ごみの出ない都市づくり」を実践しています。

　私たちも、まず、プラスチックの安易な使用を問いただすことが必要ですが、現在の私たちの暮らしからプラスチックを全面排除することは非常に困難です。

　その中で、私たちはより安全で環境負荷の少ないプラスチックを選択したいと考えますが、果たして、どのプラスチックが良くて、どのプラスチックがいけないのでしょうか？

　プラスチックの原料の採取から、生

産、使用、廃棄に至るまでライフサイクルを通じて環境に与える影響を評価するLCA（ライフサイクルアセスメント）は、日本でもプラスチック処理促進協会などで試みられており、プラスチック製造に至るまでの硫黄酸化物、窒素酸化物、二酸化炭素等の排出量のインベントリーデータ（LCI）等は報告されています。しかし、プラスチックの製造から廃棄に至るまでの人体への影響を含めた環境負荷を完璧に評価することが不可能であることは業界も認めています。

だったら、どのプラスチックも同じでしょうか？
そんなことはありません。
　1999年2月、グリーンピース・インターナショナルは、おもちゃに使用される塩ビに代替するプラスチックについて、米国マサチューセッツ大学のジョエル・ティックナー氏らに委託して、プラスチックそれぞれについて、以下のようなライフサイクルの全期間を通じた評価を試みています。この他にも環境ホルモンや添加剤のところでふれたように、プラスチックの安全性や環境負荷についてはさまざまな問題があります。

プラスチック問題ピラミッド

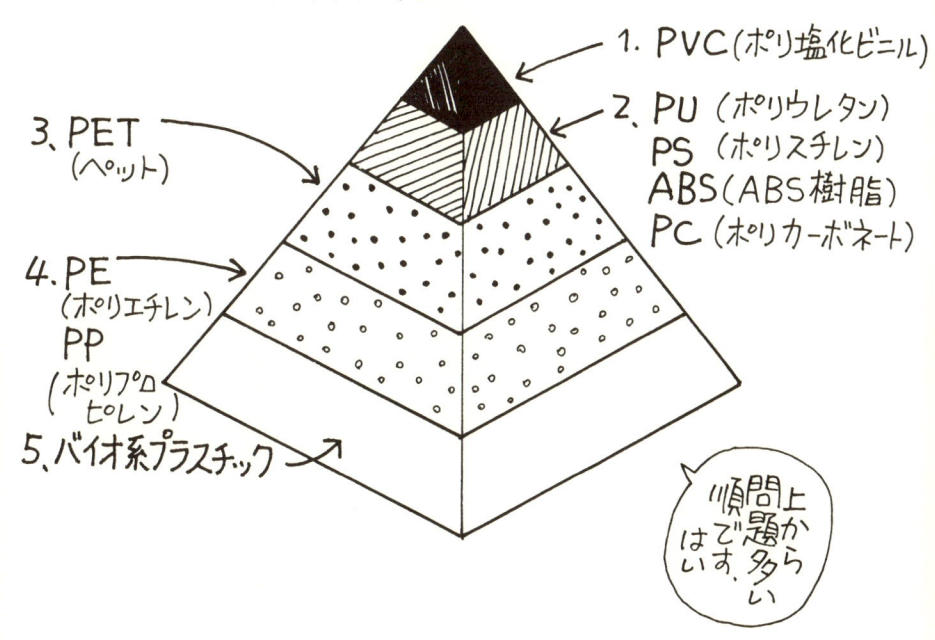

1. PVC（ポリ塩化ビニル）
2. PU（ポリウレタン）
   PS（ポリスチレン）
   ABS（ABS樹脂）
   PC（ポリカーボネート）
3. PET（ペット）
4. PE（ポリエチレン）
   PP（ポリプロピレン）
5. バイオ系プラスチック

上から順に問題が多いです。

第8章　ごみとプラスチック

ワースト1
ポリ塩化ビニル（PVC）
（理由）

　塩化ビニルはライフサイクルの観点から最悪のプラスチックである。

　塩化ビニルは、生産、使用、処理中にダイオキシン、その他の残留性有機塩素が発生する。塩化ビニルモノマーには発がん性がありリサイクル性を欠き、鉛、カドミウム、フタル酸エステルなど使用中にしみ出す可能性がある危険な添加剤が多用されている。

　このようなライフサイクル全体における害により、欧州各国、各国政府、メーカー、科学機関・公衆衛生機関は塩ビの使用に関する詳しい調査や規制を設けるなどの措置を講じている。

2A
ポリウレタン（PU）

　ポリウレタン生産と中間産物で塩素生産量の11％を消費している。

　ポリウレタン生産は、数種類の非常に有害な中間化合物を使い、多数の有害副産物が発生し、心臓病、喘息、精子の質の低下など、多数の職業病とも関連がある。ポリウレタン生産で使われるトルエンジイソシアン酸塩は強い呼吸器増感剤である。ポリウレタンを焼却すると、イソシアン酸塩やシアン化水素などの多数の有害物質が放出される。ポリウレタンは労働環境においては塩化ビニルよりも有害性が高い可能性があり、曝露と塩素の使用を減らすようプロセスを大幅に変更しない限り代替材料には適さない。

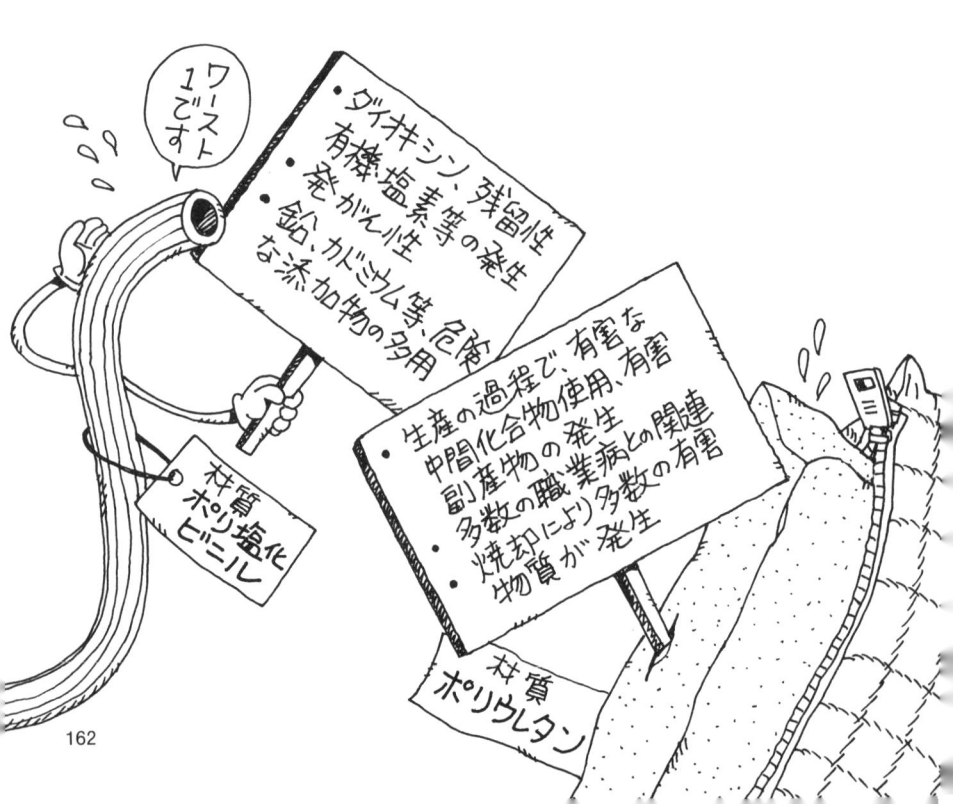

2 B
ポリスチレン（PS）

　ポリスチレンはベンゼンとエチレンから合成させる。この素材は発泡断熱材に広く使われ、硬質製品にも使われる（カップ、一部の玩具など）。他の素材と共に重合化すると、熱可塑性エラストマーができる（スチレン－エチレン－ブチレン－スチレン：SEBS）。製造で使われる他の材料はブタジエンやエチルベンゼンなどで、ベンゼンは、人に対して発ガン性がある。ブタジエンとスチレン（ポリスチレンの基本的構成要素）についても、発がん性の疑いがある。スチレン系材料が必要とする添加剤は塩化ビニルよりもはるかに少なく、最終的な形になった後は不活性である。ポリスチレンのライフサイクルは塩化ビニルよりも影響が少ないように見えるが原料の有害性（特に労働者に対する危険）、火災の危険性、高いエネルギー消費量、発泡フロン類を必要とすること、リサイクル性の低さなどの理由で、長期的な塩化ビニルの代替材料として適切とは言えないかもしれない。

- 原料に発がん性の疑い
- 火災の危険性
- 高いエネルギー消費量
- リサイクル性の低さ
- 発泡フロン類を必要とする

2 C
アクリロニトリル−ブタジエン−スチレン（ABS）

ABSはパイプ、車のバンパー、玩具などの多数の製品に硬質プラスチックとして使われる。ABSはブタジエン、スチレン、アクリロニトリルなどの有害化学物質を使用する。アクリロニトリルは毒性が強く、吸引と皮膚を通じて直接体内に吸収されやすい。また、スチレン、ブタジエン同様、発がん性が疑われる物質として分類される。使われる添加剤には酸化防止剤と光安定剤などがある。ABSは塩ビ同様リサイクルが非常に難しい。

2 D
ポリカーボネート（PC）

ポリカーボネートはCDなどの製品に使われ、塩素ガスから派生する毒性の高いフォスゲンを使って製造される。PCに添加剤は必要ないが、発がん性物質である塩化メチレンなどの溶媒が製造に必要である。

3 A
ポリエチレン-テレフタレート（PET）

PETはエチレングリコールとジメチルテレフタレートから合成される。PETは包装材に使われ、しばしば紫外線吸収剤や難燃剤などの添加剤を含む。製造の際、PETは目と呼吸器に刺激を与える物質を使う。PETのリサイクル率は他のプラスチックと比べて高い。

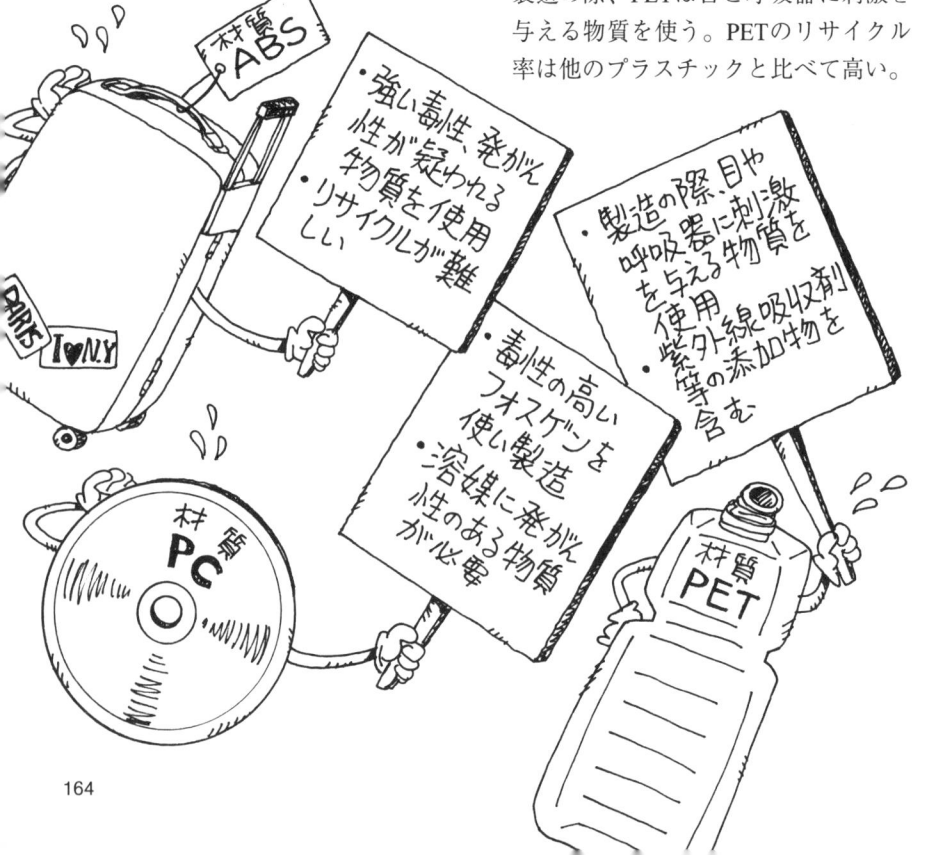

3
エチレン酢酸ビニル（EVA）

4
ポリオレフィン
4 A・B
ポリエチレン（PE）、ポリプロピレン（PP）、メタロセン

　ポリエチレンとポリプロピレンとメタロセンはポリオレフィン系で、完全に石油から作られる。しかし、塩素を使わない実用性のある代替技術が存在するにもかかわらず、中間産物として塩素が発生するプロセスが製造に使われることがある。これらのプラスチックの原料は比較的無害だが、発火や爆発のおそれがある。また、原料の炭化水素の熱分解により、多環芳香族炭化水素（PAH）などの難分解性有機物質が発生する。石油からの製造では塩素触媒を使うため、ダイオキシンも発生する。最終的に、これらのプラスチックを焼却すると、発がん性が疑われるホルムアルデヒドやアセトアルデヒドなど、多数の揮発性化合物が発生する。

　ポリオレフィン製造には有害性があるが、これらはプラスチック製造の中では最も無害といわれる。

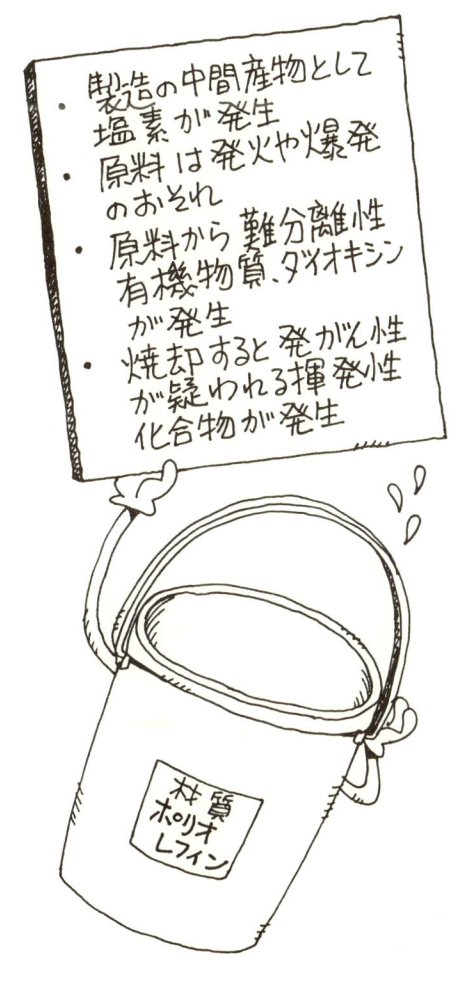

- 製造の中間産物として塩素が発生
- 原料は発火や爆発のおそれ
- 原料から難分離性有機物質、ダイオキシンが発生
- 焼却すると発がん性が疑われる揮発性化合物が発生

材質 ポリオレフィン

第8章　ごみとプラスチック

5
生分解性プラスチックとバイオ系プラスチック

　ポリオレフィン系プラスチックは、重合体分子鎖の中に弱い結合を作り、バクテリアなどの微生物が分解できるようにすることにより、生分解可能にすることができる。これは環境に対してやさしいプラスチックに向けての重要な最初の一歩といえるものの、生分解可能な石油系プラスチックは、長期的には環境にとって安全な塩化ビニルの代替材料とはいえない。未来はバイオ系プラスチックにある。

　バイオ系プラスチックは植物中の物質（デンプン、セルロース）、乳酸、バクテリア（バクテリアに糖を与えると、廃棄産物として重合体が作られる）から作られる。現在、ICI社、モンサント社、カーギル社など大手メーカーが、こういったプラスチックを製造している。バイオ系プラスチックの製造では遺伝子組み換え生物の使用あるいは放出や生物の特許権取得が行われないようにすることが重要である。

　現在、バイオ系プラスチックは包装材に使われ、医療用のバイオ系プラスチックの研究も進んでいる。バイオ系プラスチックの弱点は価格と生産規模、材料特性（現時点では比較的寿命の短い製品にしか使えない）、処分のためのコンポスト体制が確立されていないことである。

備考：
熱可塑剤エラストマー（合成ゴム）
（TPE）
　熱可塑性ゴムの機能性能と特性を兼ね備えた熱可塑剤エラストマーは共重合体かアロイなのでどの材料を使うかによって2から4にランク分けされる。

ランク2
スチレン系TPE
ポリウレタン系TPE

ランク4
オレフィン系TPE

出典
「玩具において軟質塩化ビニルに代わるプラスチック素材の導入可能性の検討」（マサチューセッツ大学ローウエル校労働環境学部、グリーンピース・インターナショナルの委託による報告書、1999年2月より）

　国連環境計画（UNEP）も、次の8項目を環境にやさしい材料・設計の「エコデザイン」として提示しています。
①新しい製品コンセプトの開発
②環境負荷の少ない材料の選択
③材料使用量の制限
④最適生産技術の適用
⑤流通の効率化
⑥使用時の環境影響の低減
⑦寿命の延長
⑧使用後の最適処理のシステム化

> 遺伝子組み換え生物の使用、特許権、価格の問題等…

> 解決しなければならない課題も山積です…

プラスチック製品は現在の私たちの生活に不可欠なものです。
　しかし、現在、これほどまでにプラスチック製品が氾濫したのは、廃棄時にプラスチック処理にかかる膨大な処理コストや環境対策費などを一切無視して安価に生産されるプラスチック製品が価格の面で他の素材に勝ってきた結果です。
　そして、安価なプラスチック包装材のおかげで発展したスーパーマーケットやコンビニなど流通業のように、現在の私たちの消費形態自体がプラスチック製品なしでは成り立たないようになってしまっています。
　しかし、世界の原油確認埋蔵量は約1億160億バレル、可採年数はわずかに43年しかありません。さらに、日本は国内需要の99.7％にあたる年間約2億5千万kℓの原油を中東を中心とした海外からの輸入に頼っています。現在、プラスチックの生産には、工場で使用されるエネルギー分も含めて石油の約10％が使用されているとも、いわれています。私たちがこのまま、プラスチックの大量生産、大量消費を続けながら、次世代の環境を維持していくことは不可能です。
　現代は、わずか2割の人口の先進国が8割のエネルギーを消費しており、その南北格差はますます広がっているといわれています。
　20世紀、私たちは、豊富なモノによって豊かさを得ることができましたが、私たちはあふれるモノを「使い、捨てる」ことで、私たち自身も消耗してしまってはいないでしょうか。
　あまりにも身近で、安易に使い過ぎているプラスチックについて、今、私たち自身で考え直すことが、現代を生きる私たちの次世代への責任です。
　21世紀が維持可能な社会に転換できるかどうかは、資源が公平に分配され、人々が、わずかなモノを大切に長く使う「脱物質化社会」のなかで、私たちがほんものの豊かさを実感できる価値観を持てるかどうかにかかっています。

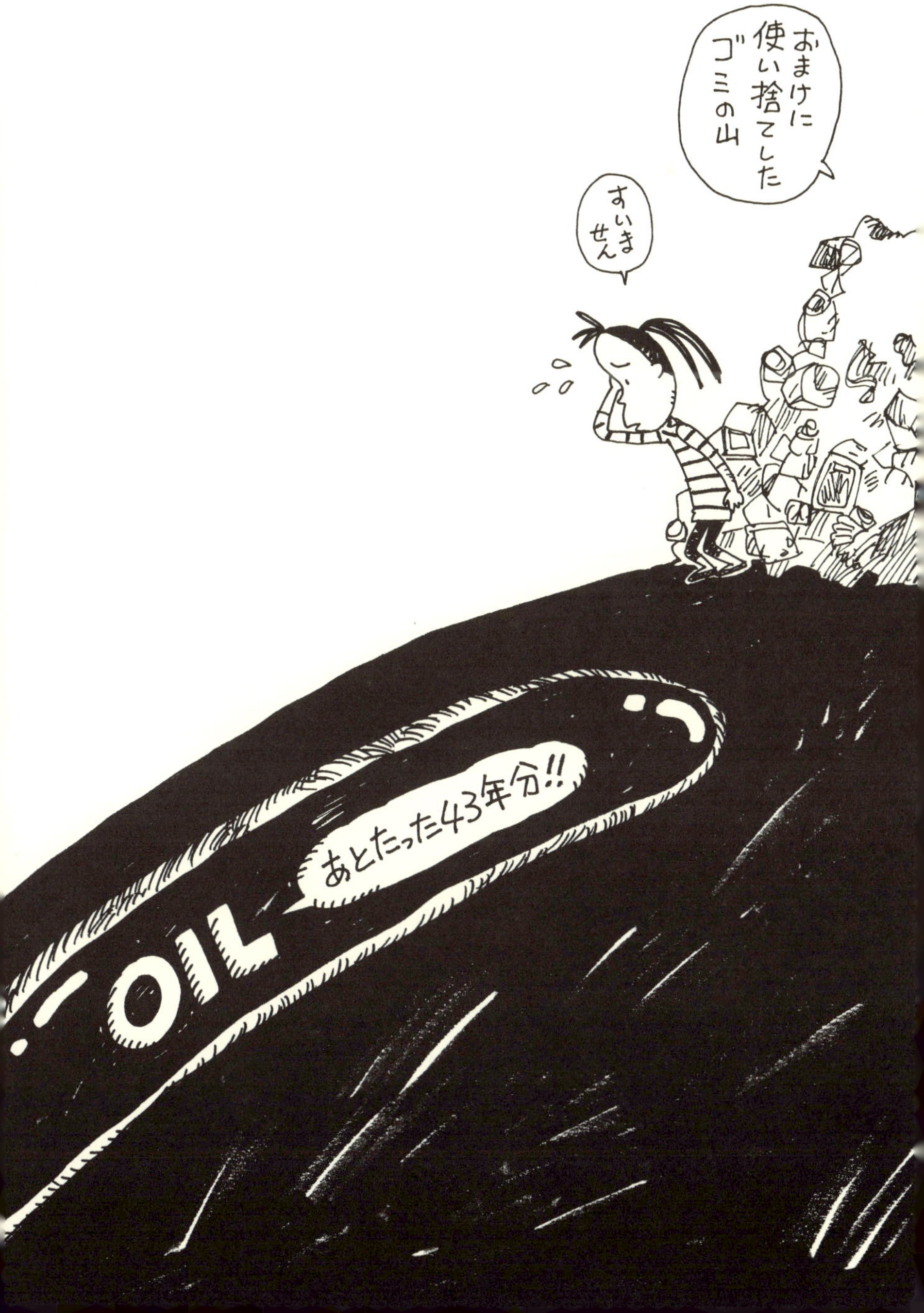
おまけに使い捨てしたゴミの山
すいません
あとたった43年分!!
OIL

あとがき

　本書では、国内のプラスチックの現状について書いてきましたが、プラスチックの生産は世界規模で増大しています。

　現在、世界中で生産されるプラスチックは1億7000万トンにも達すると推測されています。

　そのなかでも、特に増大しているのが途上国へのプラスチックの輸出や、中近東やアジアでのエチレンプラントの新増設です。

　深刻な大気汚染問題を抱えるフィリピンでは、1999年6月、現在使用している焼却炉を3年以内に全て廃止するという「大気清浄法」を発効させました。

　しかし、首都マニラでは、使い捨てのプラスチック製容器包装材を使用するファーストフード店が建ち並び、プラスチックの袋等の使い捨て容器が増加しています。

　2000年7月、ごみの山が崩落し、多くの人命が奪われたパヤタスのごみ集積所でも、マニラ湾の岸辺にうち寄せられる漂流物でも、いつまでも残って特に目に付くごみはプラスチックやその複合素材です。

　首都マニラでリサイクル業を営むジャンクショップの組合も、使い捨て容器やリサイクル困難な物を使用しないように企業に要請しています。

　一方、ネパールの東に位置するブータンでは、急増するプラスチックごみに対して、1999年、国王が自ら「プラスチックバックはこの国の景観を汚す」として、『プラスチック袋などの使用禁止』を宣言しました。

　この情報を提供された東京神経科学総合研究所の黒田洋一郎さんによれば、ブータンは、日本の50年前を想わせるのどかな田園風景が広がるところで、現国王は、日本がGNP（国民総生産）を上げることに熱中していたバブルの時期に、GNH（Gross National Happoness　国民幸福度）という考え方を国の方針にすると言明していたそうです。（生活と自治 No. 374）

　現在、地球上の2割の先進国の人々が8割の資源（エネルギー）を消費しています。

フィリピン・パヤタスのゴミ集積所

しかし、先進国は、途上国が自分たちのような「大量消費」をはじめることによって、資源と環境の容量が破綻することを、身勝手に恐れています。

しかし、ブータンのような国こそ、先進国と同じ轍を踏まない、ほんとうの意味の豊かな社会を実現させるのではないでしょうか。

さらに、韓国では1999年2月より、レジ袋や使い捨てのコップ、皿、フォーク、スプーンなどの無料配布を禁止した、厳格な一回用品（使い捨て商品）使用規制が行われています。また、2001年5月には、インドの一部の州でも、州内でのポリ袋の輸入・製造・使用を段階的に禁止することを決定したそうです。

もちろん、環境先進国のスウェーデンやドイツでも、すでに生産者責任を徹底させた容器包装材に対する規制を実施しています。

環境教育の進んだドイツでは、子どもが小学校に入学するとき、父母に「入学のしおり」を配って指導しています。

「しおり」ではカバンに入れていけない物として、プラスチック製の消しゴムやものさし、鉛筆けずり、カバー、バインダーなどをあげています。

さらに、
- 使い捨てでないもの
- 再生利用のもの
- 有害物質を含まないもの
- プラスチック製でなく天然素材のもの

などを選択するよう細かく指導されています。

わずか50年で、プラスチックの氾濫

100円ショップに象徴されるように日本では、ここ数年、プラスチック製品は今までよりさらに安価に手に入れることができるようになってきました。

しかし、反対に、ごみ処理経費はうなぎ登りに増加しています。

東京都大田区のプラスチック焼却施設では、塩化水素対策やダイオキシン対策のための薬剤費だけで年間2億円以上もかかっています。

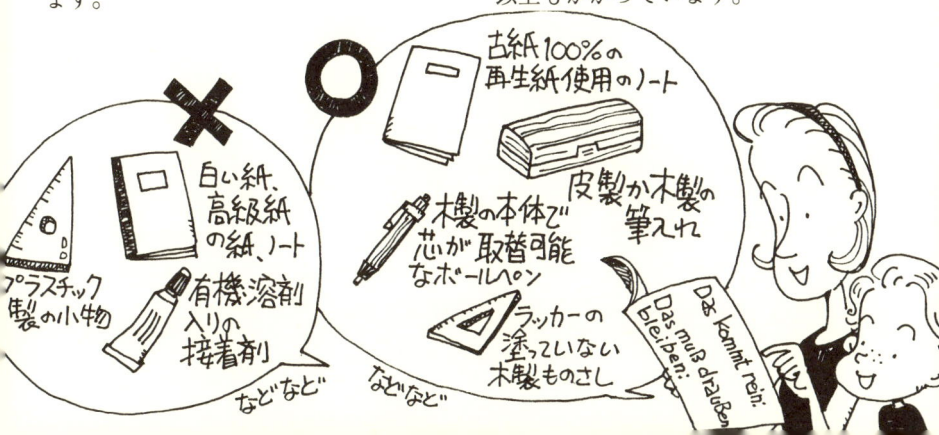

グリーンピース・ジャパンの調査でも、1995年以降、全国のごみ焼却施設のために年間約6000億〜8000億円もの税金が投入されていることがわかっています。

　わずか50年ほどの間で、プラスチック製品がこれほどまでに私たちの生活に氾濫したのはプラスチックが、軽くて、扱いやすく、錆びず、腐らない、成形加工が容易な優れた素材であることも事実です。

　しかし、廉価で輸入される石油を原料に、廃棄された際に必要な処理費用や環境対策費などのコストは一切無視して提供されるプラスチック製品が、安いという面で他の素材に勝ってきたことも大きな原因といえます。

　そして、安価なプラスチック包装材によって発展したスーパーマーケットやコンビニチェーンなどの流通システムの中で、私たちは使い捨てのプラスチック製容器包装材を利用せざるを得ない立場に追いやられているのも現実です。

　自然に戻らないプラスチック製品には、拡大生産者責任を徹底させ、廃棄物処理費等のすべての環境コストを製品に転嫁させることが必要です。

まず、私たちが変わろう！

　私たち消費者ひとりひとりも、毎日の生活でごみを出さない暮らしを心がけることで、ごみを減らし、お店を変えることもできます。

　グリーンコンシューマーの原則——買い物バックは持参し、容器や包装はないもの、使い捨てでなく、長く使えるもの、最小限のものを選びましょう。

　また、「近くで生産・製造されたものを選ぶ」つまり、『地産地消』のとりくみは、輸送エネルギーを節約し、食の安全性と自給を確保し、コミュニティを再生し、そして、使い捨てプラスチックを減らします。

　市民団体「川崎・ごみを考える会」では、「私たちが変わればお店が変わる」を合い言葉に、川崎市内すべてのお店を対象に「ごみ減量・環境配慮度チェック」を実施しています。

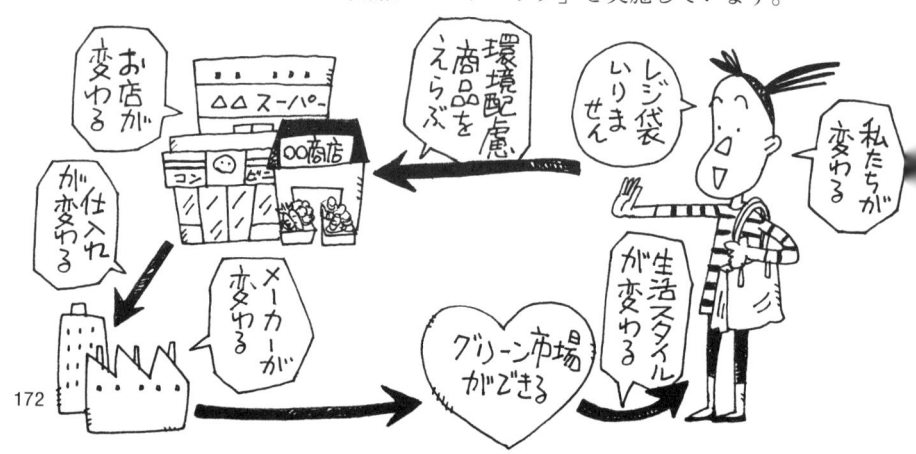

一刻も早いシステム転換を

　現在、世界の原油の可採年数は43年といわれており、日本は、国内需要の99.7％の原油を中東などの海外からの輸入に頼っています。

　私たちはこのまま、プラスチックの大量生産、大量消費、大量廃棄を続けていくことは、もはや不可能です。

　野生生物や私たち人類の種の存続さえも脅かすダイオキシンや環境ホルモン等の化学物質汚染、地球温暖化、資源の枯渇、廃棄物問題……私たちはそれらの全ての問題を新世紀まで持ち込んでしまいした。

　子どもたちや、そのつづく世代に、私たちの大量消費のツケである、化学物質汚染や資源の枯渇を担わせてはいけません。

　私たちの生活する今の地球は、次世代からの借りものです。

　一刻も早く、社会システムを本質的に転換しなければいけません。もう、時間はそれほど残っていません。

　本書は、私たちが今まで、安易に使用し過ぎてきたプラスチックについて知り、そして、プラスチックを問い直す一助になればと作成しました。

　本書をまとめるあたっては、多くの方々に多大なお世話になりました。

　プラスチック業界や業界団体の方々には、資料やデータの提供を含め、本当に誠実に対応していただきました。

　これから、製造業者、流通業者、行政、消費者のそれぞれが「プラスチックをどうすればいいのか」「どんなシステムに変えなくてはいけないのか」お互いに真剣に考え、意見を交換する場がますます必要になってくると思います。

　イラストレーターの加藤優子さんには、たくさんの図表を作成していただきました。

　あべゆきえさんには、すばらしいイラストを描いていただきました。

　「止めよう！ ダイオキシン汚染・関西ネットワーク」の山崎清さんには、原稿を読んでいただき貴重なアドバイスをいただきました。

　最後に、このような機会を与えてくださった現代書館の菊地泰博さんに深く感謝いたします。

参考・引用文献

『生活の中のプラスチック』(植村振作著、日本消費者連盟)

『プラスチックの総点検』(宇井純、近藤完一、日本消費者連盟)

『安全な暮らし方事典』(日本消費者連盟、緑風出版)

『どうして塩ビはいけないの？』(環境ホルモン全国市民団体テーブル　ダイオキシン・ゼロ宣言　NO! 塩ビキャンペーン)

『ごみとプラスチック』(日本消費者連盟)

『あれも塩ビ！　これも塩ビ！』『塩ビとダイオキシンを考える』(東京市民会議実行委員会)

『塩ビは地球にやさしいか？』(化学物質問題市民研究会)

『ここがいけない　塩ビ製品』(化学物質問題市民研究会)

『子供向け玩具における脱塩化ビニルの流れ』(グリーンピース・ジャパン)

『こんにちは、プラスチック』(日本プラスチック工業連盟)

『よくわかるプラスチックリサイクル』(工業調査会)

『プラスチックス』(工業調査会、1999.6、2000.6、2001.6)

『プラスチックのはなし』(東京都消費生活総合センター)

『くらしの衛生』(vol. 41　2000.10　東京都食品環境指導センター)

『可塑剤フタル酸エステルの乱用』(片瀬隆雄、化学 vol. 53　化学同人社)

『しのびよる化学物質汚染』(安原昭夫、合同出版)

『プラスチックリサイクル100の知識』(プラスチックリサイクル研究会、東京書籍)

『プラスチック製品の生産・廃棄・再資源化・処理処分の状況』(社団法人プラスチック処理促進協会)

『化学超入門』(左巻健男編著、日本実業出版社)

『石油化学工業の現状』(石油化学工業協会、1999年、2000年、2001年)

『私たちが変わればお店が変わる』(川崎・ごみを考える市民連絡会)

『人体汚染のすべてがわかる本』(小島正美著、東京書籍)

『ダイオキシンが未来を奪う』(反農薬東京グループ)

『農薬と環境ホルモン』(反農薬東京グループ)

『衝撃の塩ビモノマー』(稲垣孝雄著、風媒社)

『燃焼・熱分解と化学物質』(安原昭夫著、環境化学研究会)

『ダイオキシン・ゼロ社会へ』(藤原寿和著、リム出版)

『プラスチックは好きですか』(積水化学工業)

『環境ホルモンとは何か』(綿貫礼子ほか、藤原書店)

『生活と自治』(2000.6　生活クラブ事業連合　生活協同組合連合会)

著者紹介
三島佳子●文
(みしまけいこ)

1964年宮崎県生まれ、農薬問題にとりくむ市民団体スタッフ、衆議院議員の環境問題政策スタッフなどを経て、1999年から2001年9月まで日本消費者連盟事務局員として「環境ホルモン全国市民団体テーブル　ダイオキシン・ゼロ宣言 NO! 塩ビキャンペーン」の事務局を担当。現在、市民団体「止めよう! ダイオキシン汚染・関東ネットワーク」、「ごみ環境ビジョン21」運営委員。廃棄物、有害化学物質問題を中心に活動している。
著書に「どうして塩ビはいけないの？」(環境ホルモン全国市民団体テーブル　NO! 塩ビキャンペーン)、共著に『安全な暮らし方事典』(緑風出版)、『もっと減らせる! ダイオキシン』(神戸学生青年センター)、『あれも塩ビ! これも塩ビ!』(「塩ビとダイオキシンを考える」東京市民会議実行委員会) など。

日本消費者連盟●文監修
(にほんしょうひしゃれんめい)

日本消費者連盟は、1969年に創立し、「すこやかないのちを未来へつないでいく」ことを運動のもっとも大切な理念としている消費者団体です。日本消費者連盟は全国の個人会員で構成されています。日本消費者連盟の活動の趣旨に賛同する方は、どなたでも会員になれます。会員は個人またはグループを作って、各地域に根ざした草の根の活動を展開しています。
会員には月3回、機関誌である『消費者リポート』をお送りしています。個人会員制のために、団体・企業には会員になっていただけませんが、『消費者リポート』のご購読は可能です。
〈会員〉　●普 通 会 員　会費年間　7000円 (『消費者リポート』の配布を含む)
　　　　●維 持 会 員　会費年間　14000円 (『消費者リポート』及び新刊ブックレットの配布を含む)
　　　　●団体・企業　購読料年間12000円
日本消費者連盟　目黒区目黒本町1-10-16　TEL03-3711-7766　FAX03-3715-9378

あべゆきえ●絵
東京生まれ。日本大学芸術学部文芸学科卒。
イラストレーター。
広告、雑誌、書籍等で仕事。
FOR BEGINNERSシリーズで『三島由紀夫』『地図』、FOR BEGINNERS SCIENCEシリーズで『遺伝子組み換え(食物編)』『遺伝子組み換え動物』『遺伝子組み換え(イネ編)』の絵を担当。

FOR BEGINNERS SCIENCE ⑧
プラスチック

2001年9月25日　第1版第1刷発行

文・三島佳子
文監修・日本消費者連盟
絵・あべゆきえ
装幀・足立秀夫
作図表・加藤優子
発行所　株式会社現代書館
発行者　菊地泰博
東京都千代田区飯田橋3-2-5
郵便番号 102-0072
電話　(03) 3221-1321
FAX　(03) 3262-5906
振替 00120-3-83725

写植・一ツ橋電植
印刷・東光印刷所／平河工業社
製本・越後堂製本

制作協力・東京出版サービス
定価はカバーに表示してあります。
落丁・乱丁本はおとりかえいたします。

© Printed in Japan, 2001　ISBN4-7684-1208-4

FOR BEGINNERS SCIENCE

20世紀は科学の時代と言われた。しかし、21世紀は近代科学の反省の時でもある。それは、先端科学の成果が、必ずしも人類の未来を見定めたものではないのではないか、という反省である。反省とは否定ではない。もう一度考え直すということだ。私たちには分かっているようで、実は曖昧なことが多い。先端科学は、凡人には理解不可能なものなのだろうか？　このシリーズは、健康を中心に、私たちが日常的に享受している科学の成果を根本から問い直し、安全な生活を提案してみようとして企画された。(定価各1500円＋税)

既刊	⑥最新 危ない化粧品
①電磁波	⑦遺伝子組み換え イネ編
②遺伝子組み換え（食物編）	⑧プラスチック
③新築病	**今後の予定**
④誰もがかかる化学物質過敏症	・遺伝子組み換え（ヒト編）
⑤遺伝子組み換え動物	・水　・歯

FOR BEGINNERS シリーズ (定価各1200円＋税)

歴史上の人物、事件等を文とイラストで表現した「見る思想書」。世界各国で好評を博しているものを、日本では小社が版権を獲得し、独自に日本版オリジナルも刊行しているものである。

①フロイト	㉔教科書	㊼ニーチェ	⑳ドラッグ
②アインシュタイン	㉕近代女性史	㊽新宗教	㉑にっぽん NIPPON
③マルクス	㉖冤罪・狭山事件	㊾観音経	㉒占星術
④反原発＊	㉗民　法	㊿日本の権力	㉓障害者
⑤レーニン＊	㉘日本の警察	51芥川龍之介	㉔花岡事件
⑥毛沢東＊	㉙エントロピー	52ライヒ	㉕本居宣長
⑦トロツキー＊	㉚インスタントアート	53ヤクザ	㉖黒澤　明
⑧戸　籍	㉛大杉栄＊	54精神医療	㉗ヘーゲル
⑨資本主義＊	㉜吉本隆明	55部落差別と人権	㉘東洋思想
⑩吉田松蔭	㉝家族	56死　刑	㉙現代資本主義
⑪日本の仏教	㉞フランス革命	57ガイア	㉚経済学入門
⑫全学連	㉟三島由紀夫	58刑　法	81ラカン
⑬ダーウィン	㊱イスラム教	59コロンブス	82部落差別と人権Ⅱ
⑭エコロジー	㊲チャップリン	60総覧・地球環境	83ブレヒト
⑮憲　法	㊳差　別	61宮沢賢治	84レヴィ＝ストロース
⑯マイコン	㊴アナキズム＊	62地　図	85フーコー
⑰資本論	㊵柳田国男	63歎異抄	86カント
⑱七大経済学	㊶非暴力	64マルコムX	87ハイデガー
⑲食　糧	㊷右　翼	65ユング	88スピルバーグ
⑳天皇制	㊸性	66日本の軍隊（上巻）	89記号論
㉑生命操作	㊹地方自治	67日本の軍隊（下巻）	90数　学
㉒般若心経	㊺太宰治	68マフィア	91西田幾多郎
㉓自然食＊	㊻エイズ	69宝　塚	以降続刊　＊は品切